U0822867

高等学校计算机类规划教材

物联网移动应用开发实验指导

主　编　陈　杰　刘生智
副主编　韩清华　陈文绪　施明登
参　编　陈芳花　候凯耀　印志本

北京邮电大学出版社
·北京·

内容简介

本书是面向Android开发初学者的入门教程，由浅入深地介绍了Android开发的相关操作方法，内容基本涵盖了Android开发的基础知识。

全书共分为10章。其中，第1～4章为基础部分，主要介绍Android Studio环境搭建、界面设计、多界面开发、多媒体开发等；第5～8章为进阶部分，主要介绍后台服务与广播机制、系统功能和系统服务、网络开发、数据存储等；第9～10章主要介绍蓝牙通信和第三方开发包。

本书内容浅显易懂，提供了大量的案例供读者测试，适用于Android开发的广大从业者、App开发的学习者和爱好者，也可以作为高等院校及各类培训学校的Android课程实验指导教材或培训教材。

图书在版编目(CIP)数据

物联网移动应用开发实验指导 / 陈杰，刘生智主编.
北京：北京邮电大学出版社，2024. -- ISBN 978-7
-5635-7471-1

Ⅰ. TN929.53

中国国家版本馆CIP数据核字第2024R30U45号

策划编辑：马　飞　　**责任编辑**：康启明　　**封面设计**：七星博纳

出版发行：北京邮电大学出版社
社　　址：北京市海淀区西土城路10号（100876）
电话传真：010-82333010　62282185（发行部）　010-82333009　62283578（传真）
网　　址：www.buptpress3.com
电子信箱：buptpress3@163.com
经　　销：各地新华书店
印　　刷：北京建宏印刷有限公司
开　　本：787 mm×1 092 mm　1/16
印　　张：13
字　　数：322千字
版　　次：2024年12月第1版
印　　次：2024年12月第1次印刷

ISBN 978-7-5635-7471-1　　定价：48.00元

前言

Preface

物联网产业作为我国的战略性新兴产业，具有丰富的应用场景和极佳的市场效益。本书以移动终端为应用平台研究基于Android系统的物联网相关应用。读者通过对本书的学习可以掌握Android编程技术的基本知识，通过大量相关实验练习可以培养Android开发的相关能力。

全书共分为10章。第1章主要讲解Android Studio开发环境的搭建，介绍了开发Android应用程序的步骤和框架结构；第2、3章讲解界面设计和布局，介绍了创建用户界面的常用组件；第4章讲解多媒体开发技术，介绍了图形绘制、音视频播放技术和摄像头调用的方法；第5、6章讲解Android框架的后台服务和系统服务（包括Service服务和Broadcast机制的使用方法）、常见的系统功能和系统服务的相关应用；第7章讲解Android网络开发技术，介绍了Socket框架技术、HTTP通信技术和OkHttp框架技术；第8章讲解数据存储技术，介绍了数据持久化技术、文件存储方式和SQLite数据库存储技术；第9章讲解蓝牙通信技术；第10章讲解第三方开发包的应用技术，选择物联网技术中常用的二维码操作和电子地图应用作为实例。

本书由陈杰（塔里木大学）、刘生智（新疆科技学院）主编并统稿，塔里木大学韩清华、陈文绪、施明登担任副主编，新疆科技学院陈芳花、候凯耀、印志本参与了编写工作。同时，本书的编撰得到了塔里木大学物联网工程专业教学团队（编号：TDJXTD 2208）和塔里木大学物联网工程兵团级一流本科专业（编号：22/22000030126）的支持。在各位领导的关心下，在认真严谨的同仁的共同努力下，本书才得以顺利出版发行，在此向他们表示衷心的感谢。在编写过程中，编者参考了许多同行专家的论著文献，同时还参考了许多网络资源，在此向相关人员一并表示诚挚的谢意。由于编者的学术水平和实践经验有限，书中难免存在疏漏之处，敬请广大读者批评指正。

编　者

2024年5月

目录 Contents

第1章　Andorid系统概述

本章概述

Android的本义指“机器人”，同时也是Google公司于2007年11月5日宣布的基于Linux平台的开源手机操作系统的名称。该平台由操作系统、中间件、用户界面和应用软件组成，主要用于移动设备，如智能手机和平板电脑。2013年5月16日，Google公司推出Android开发环境Android Studio。Android系统诞生在开放时代的背景下，其全开放的智能移动平台、多硬件平台的支持、标准化的技术、完善的辅助开发工具等特点与智能手机的发展紧密相连，具有开放性、平等性、方便性、众多硬件支持等。

Android系统架构分为五层，分别是Linux内核层、硬件抽象层、系统运行库层、Android应用框架层、Android应用层。分层的好处就是上层使用下层提供的统一服务，不需要为下层负责，屏蔽了本层及以下层的差异，当下层发生变化时，上层不会受到影响。下面对五个分层进行简单介绍。

1. Linux内核层

Android基于Linux 2.6提供核心系统服务，如安全性、内存管理、进程管理、网络协议栈和驱动模型。Linux内核层作为硬件和软件之间的抽象层，如果只是做应用开发，就不需要深入了解。

2. 硬件抽象层

硬件抽象层介于Linux内核层和系统运行库层，它是对下层Linux驱动的统一封装，运行在用户空间（User Space）。这样的一层专门为各个厂商服务，为其设计自己的个性化风格（类似控制算法或者图像算法）。如果将厂商的算法放在内核空间的Linux层，那么这些代码就要遵循GNU通用公共许可证进行开源，一旦代码公开，厂商势必损失利益。如果将这些代码放到Android用户空间遵循Apache Licence协议（该协议允许用户自行选择公开或不公开代码），厂商就可以保证自己的利益。因此可以说，Google公司为了维护各个厂商的利益，设计了硬件抽象层。

3. 系统运行库层

在Linux内核层之上，Android提供了各种C/C++核心库（例如libc和SSL）、视频和音频相关的媒体库、外观管理器、基于2D及3D图形的SGL和OpenGL图形库、用于本地数据库支持的SQLite，以及用于集成Web浏览器和Internet安全策略的SSL和WebKit，通过Android的应用框架层，将这些功能开放给开发者和使用者。

4. Android应用框架层

通过提供一个开放的开发平台，Android给开发人员提供一个制作丰富应用的环境。应用框架层是从事Android开发的基础，很多核心应用程序通过这一层来实现其核心功能。该层简化了组件的重用，开发人员可以直接使用其提供的组件快速地进行应用程序开发，本书提供的程序设计都是基于这个应用框架层完成的。Android系统的应用框架层主要包含以下部分。

ActivityManager（活动管理器）：管理各个应用程序生命周期及通常的导航回退功能。

WindowManager（窗口管理器）：管理所有的窗口程序。

ContentProvider（内容提供器）：在不同应用程序之间存取或分享数据。

ViewSystem（视图系统）：构建应用程序的基本组件。

NotificationManager（通知管理器）：使应用程序可以在状态栏中显示自定义的提示信息。

PackageManager（包管理器）：管理Android系统内的应用程序。

TelephonyManager（电话管理器）：管理所有的移动设备功能。

ResourceManager（资源管理器）：提供应用程序使用的各种非代码资源，如本地化字符串、图片、布局文件、颜色文件等。

LocationManager（位置管理器）：提供位置服务。

XMPPService（XMPP服务）：提供GoogleTalk服务。

5. Android应用层

Android系统自带了一套核心应用程序，包括电话拨号程序、短信程序、电子邮件客户端、日历、地图、浏览器、联系人管理程序等，开发人员开发的应用程序就位于Android应用层。

一个Android系统应用程序由五个部分构成，分别为Activity、Intent、IntentReceiver、Service、ContentProvider。但是，并不是每一个Android系统应用程序都需要这五个部分，有时只需要其中几个进行组合。每个组成部分需要在AndroidManifest.xml中登记清单才能正常使用。AndroidManifest.xml是一个XML配置文件，用于定义应用程序的组件、组件的功能及必要条件等。对五个组成部分的说明如下。

（1）Activity。

Activity是Android系统应用程序的组成部分中最基本的部分。它提供了一个屏幕，用户可以通过该屏幕进行交互以执行某些操作，例如拨打电话、拍照、发送电子邮件或查看地图。每一个Activity都被定义为一个独立的类，并且继承自Activity这个基类。这个Activity类将会显示由几个View控件组成的用户接口，并对事件做出响应。大部分的应用都会包含多个屏幕，从一个屏幕导航到另一个屏幕是很简单的。在一些应用中，一个屏幕甚至会返回值给前一个屏幕。

（2）Intent。

Android系统应用程序使用Intent类实现屏幕与屏幕之间的切换。Intent类用于描述一个应用将做什么。在Intent的描述结构中有两个最重要的部分：动作和动作对应的数据。典型的动作类型有MAIN(Activity的门户)、VIEW、PICK、EDIT等。而动作对应的数据则以URI的形式表示。例如，要查看一个人的联系方式，需要创建一个动作类型为VIEW的Intent，以及一个表示这个人的URI。

与Intent有关系的一个类叫作IntentFilter。Intent是一个有效的做某事的请求，而一个IntentFilter则用于描述一个Activity（或IntentReceiver）能够操作哪些Intent。一个Activity如果要显示联系方式，需要声明一个IntentFilter，这个IntentFilter要知道怎么处理VIEW动作和表示一个人的URI。IntentFilter需要在AndroidManifest.xml中定义。

通过解析Intent，应用程序可以很轻松地从一个屏幕导航到另一个屏幕。当需要导航至下一个屏幕时，Activity会自动调用startActivity方法，系统会在所有安装的应用程序中定义的IntentFilter中查找，找到最匹配该Intent对应的Activity。新的Activity接收到通知后开始运行，当startActivity方法被调用时，解析动作将被触发。这个机制提供了两个关键好处：Activity能够重复利用从其他组件中以Intent的形式产生的一个请求，Activity可以在任何时候被一个具有相同IntentFilter的新Activity取代。

（3）IntentReceiver。

IntentReceiver用于帮助应用程序对一个感兴趣的外部事件（如有一个新的电话呼入）做出响应。当该事件发生时，它会使用NotificationManager服务通知用户。IntentReceiver可以在AndroidManifest.xml中注册，也可以在代码中通过Context.registerReceiver( )进行注册。当一个IntentReceiver被触发时，应用程序不必对请求调用IntentReceiver，系统会在需要的时候启动相应应用。各种应用还可以通过使用Context.broadcastIntent( )将自己的IntentReceiver广播给其他应用程序。

（4）Service。

一个Service是一段长生命周期的、没有用户界面的程序。比较典型的例子就是多媒体播放器。在一个多媒体播放器的应用中应该会有多个Activity，让使用者可以选择歌曲并播放歌曲，当系统导航到其他屏幕时音乐应该还在播放。在这个例子中，多媒体播放器这个Activity会使用Context.startService( )来启动一个Service，从而可以在后台保持音乐的播放。同时，系统也将保持这个Service一直运行，直到这个Service运行结束。另外，还可以通过使用Context.bindService( )方法连接到一个Service上。连接到一个Service上之后，还可以通过Service提供的接口与它进行通信。以多媒体播放器这个例子来说，可以进行暂停、重播等操作。

（5）ContentProvider。

ContentProvider主要用于在不同的应用程序之间实现数据共享的功能，它提供了一套完整的机制，允许一个程序访问另一个程序中的数据。一个ContentProvider类实现了一组标准的方法，从而能够让其他的应用保存或读取此ContentProvider处理的各种数据类型。不同于文件存储和SharedPreferences存储中的两种全局可读写的操作模式，ContentProvider可以选择对哪一部分数据进行共享，也就是对权限进行控制，从而保证应用程序中的隐私数据不会有泄露的风险。

实验　Android Studio环境搭建

一、实验目的

（1）熟悉Android开发工具。
（2）掌握Android移动端开发环境的搭建、项目导入。
（3）能够将项目部署到模拟器和真机上进行测试。

二、实验内容

（1）下载并安装Android Studio。
（2）配置Android Studio。
（3）启动模拟器。
（4）新建和运行项目。

三、实验步骤

1. 下载、安装并配置Android Studio

Android Studio的下载网址：https://developer.android.google.cn/。可以在图 1-1 所示的网站下载Android Studio的最新版。

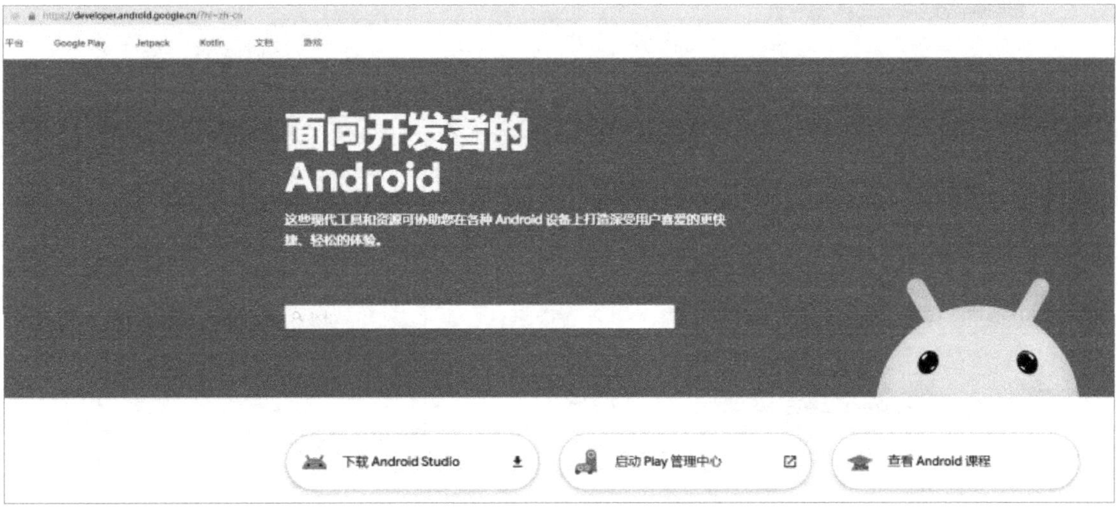

图 1-1　Android Studio下载网站

下面以Windows平台为例说明环境搭建过程。

（1）执行下载的android-studio-2022.3.1.19-windows.exe文件，如图 1-2 所示。

图 1-2　执行安装文件

（2）选择安装组件，如图 1-3 所示。

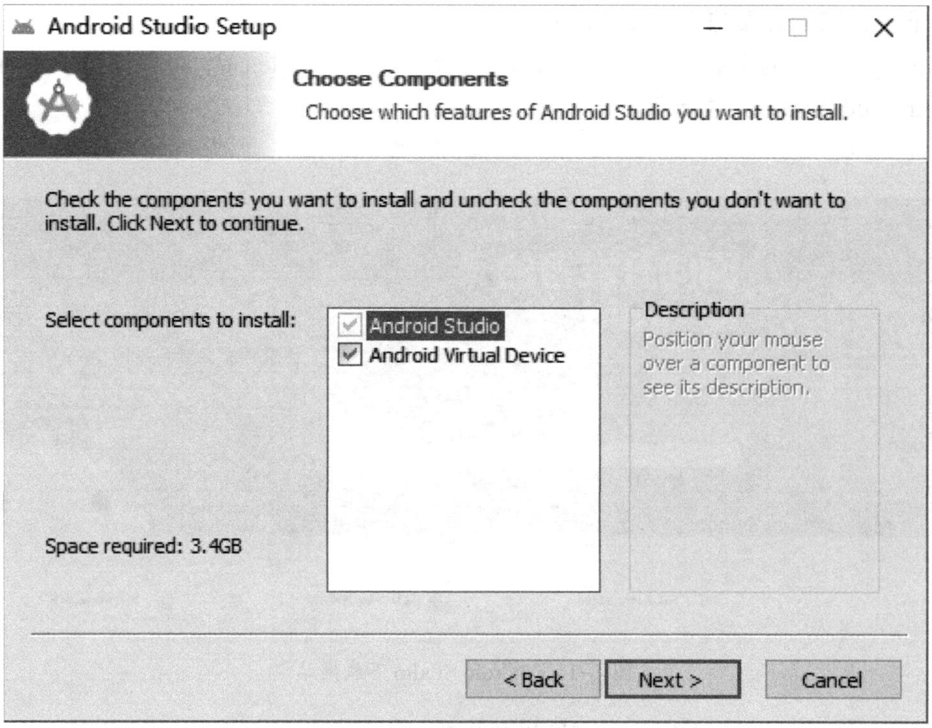

图 1-3　选择安装组件

（3）选择安装目录，如图 1-4 所示。单击“Next”按钮，进入配置完成页面，如图 1-5 所示。

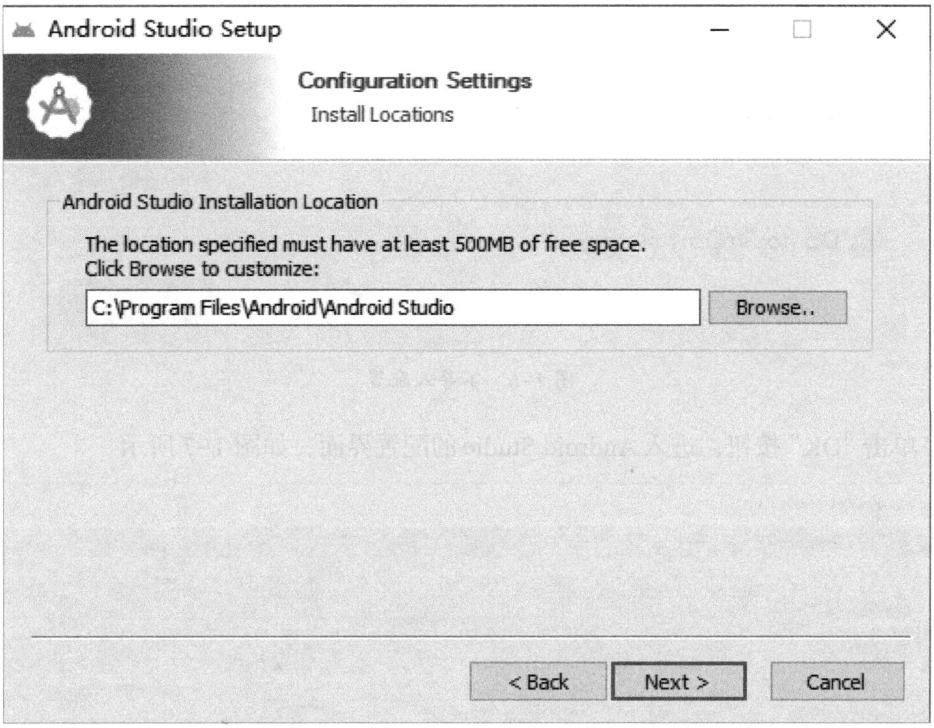

图 1-4　安装过程

图 1-5　安装结束

（4）单击“Finish”按钮，启动Android Studio。第1次启动会有一些向导信息，以后启动就没有了。选择不导入配置，如图1-6所示。

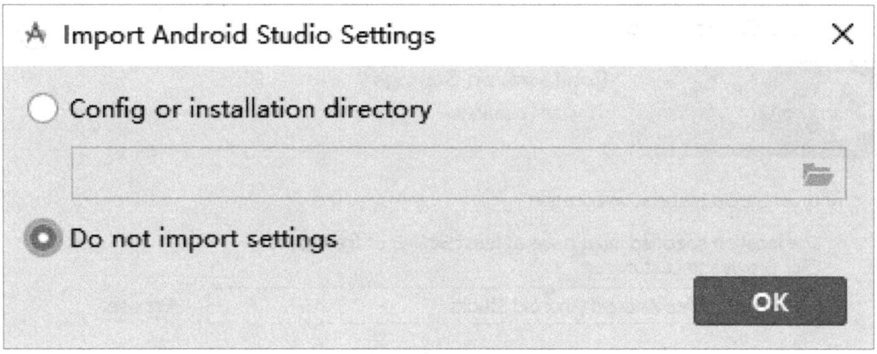

图1-6　不导入配置

（5）单击“OK”按钮，进入Android Studio的配置界面，如图1-7所示。

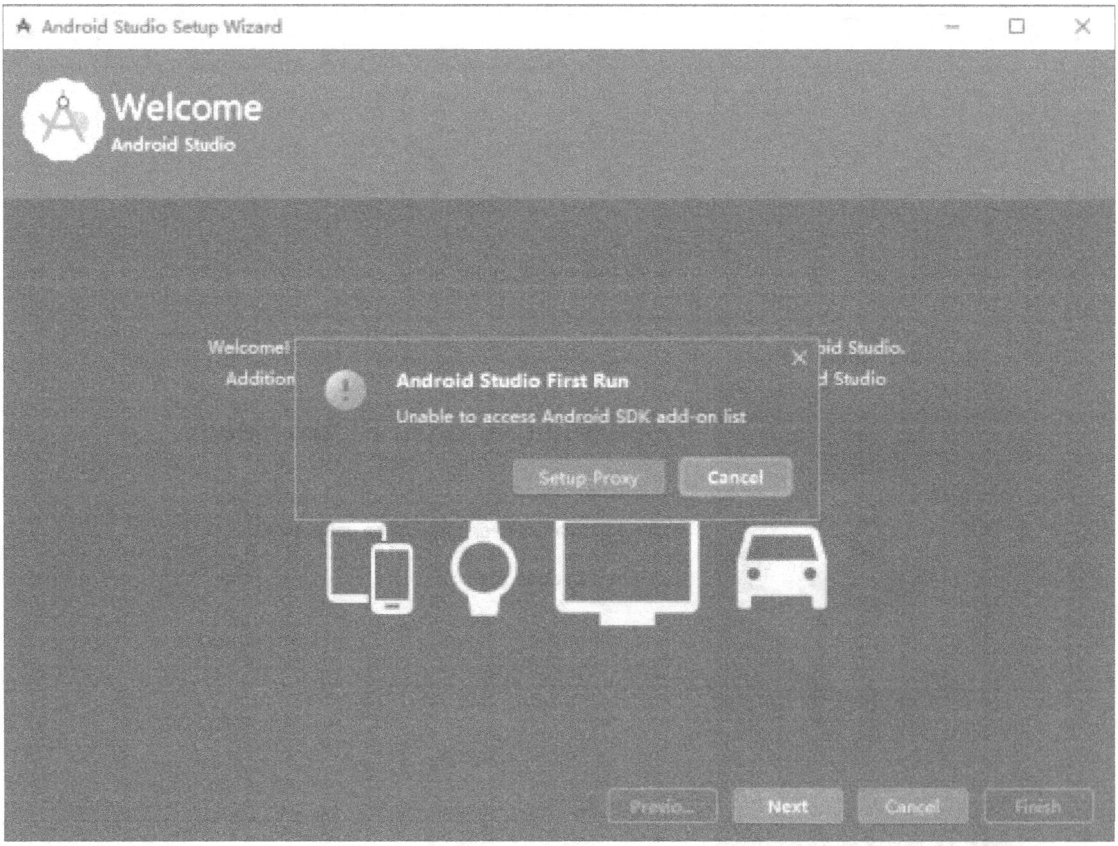

图1-7　配置界面

（6）单击“Next”按钮开始具体的配置，“Install Type”有Standard和Custom两种选择，即标准和自定义类型。这里选择“Standard”，如图1-8所示；然后进行验证设置，如图1-9所示。

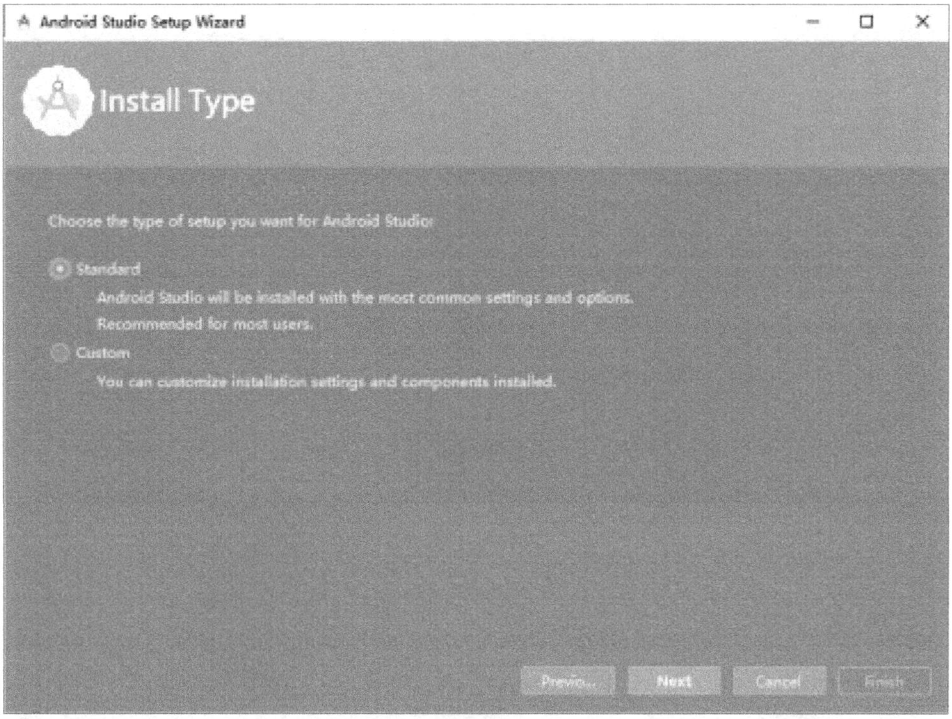

图 1-8　配置选择

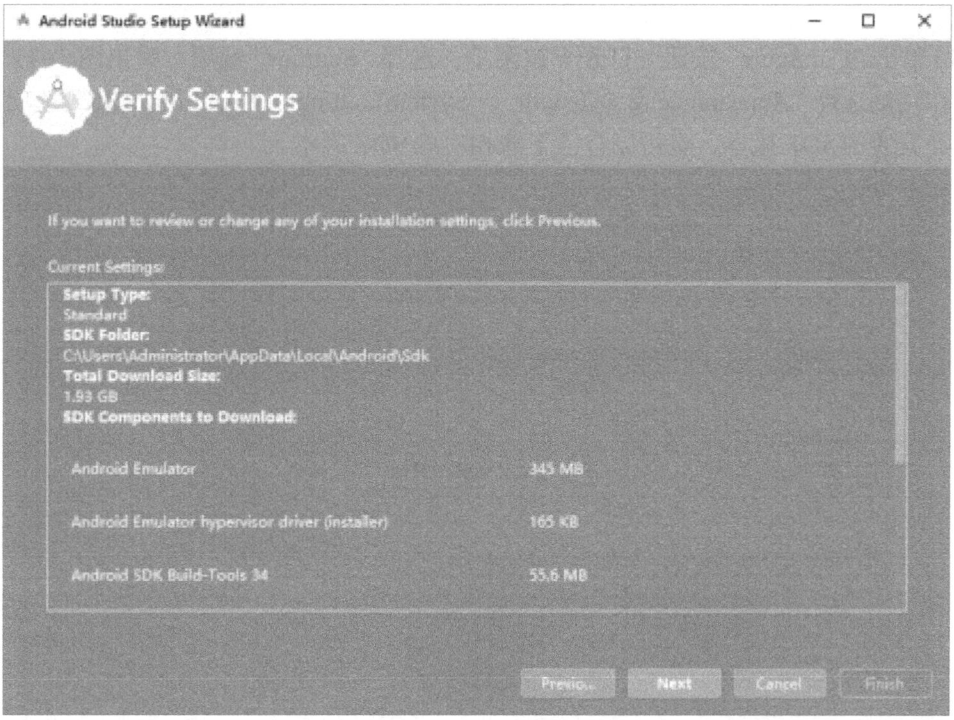

图 1-9　验证设置

（7）单击“Finish”按钮，完成配置工作；然后Android Studio会联网更新，更新完成后再单击“Finish”按钮会进入Android Studio的欢迎界面，如图 1-10 所示。

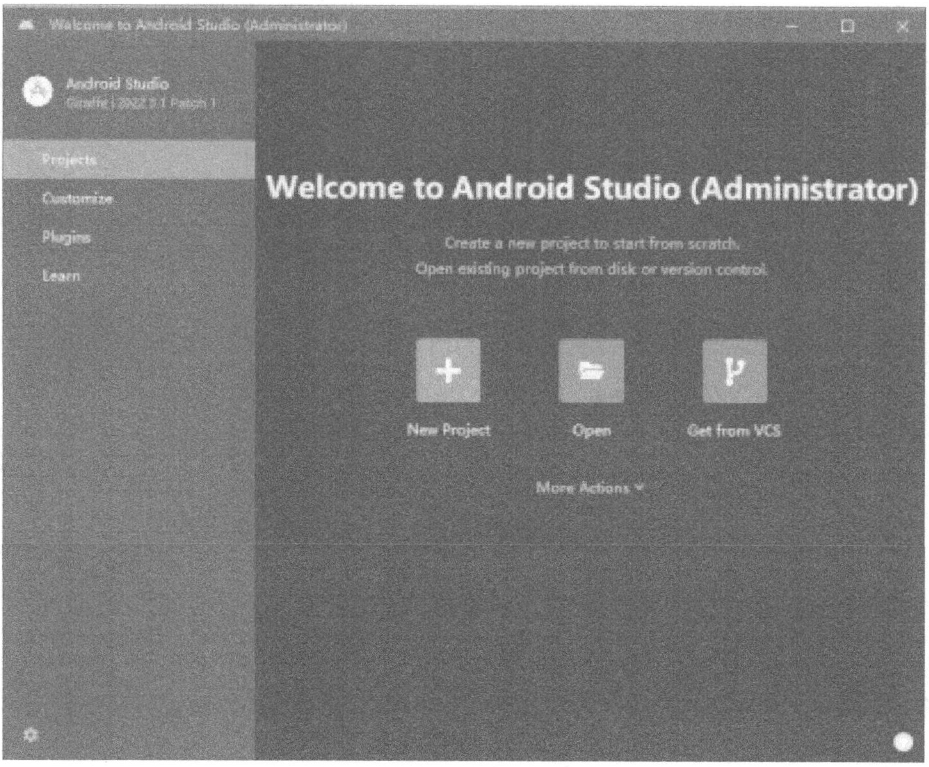

图 1-10　Android Studio 欢迎界面

（8）单击“Configure”按钮，打开下拉菜单，选择“Settings”选项。弹出图 1-11 所示的菜单，在左侧选择“Appearance & Behavior → System Settings → Android SDK”选项，可以看到已经安装的SDK版本，也可以自己下载相应的SDK版本。

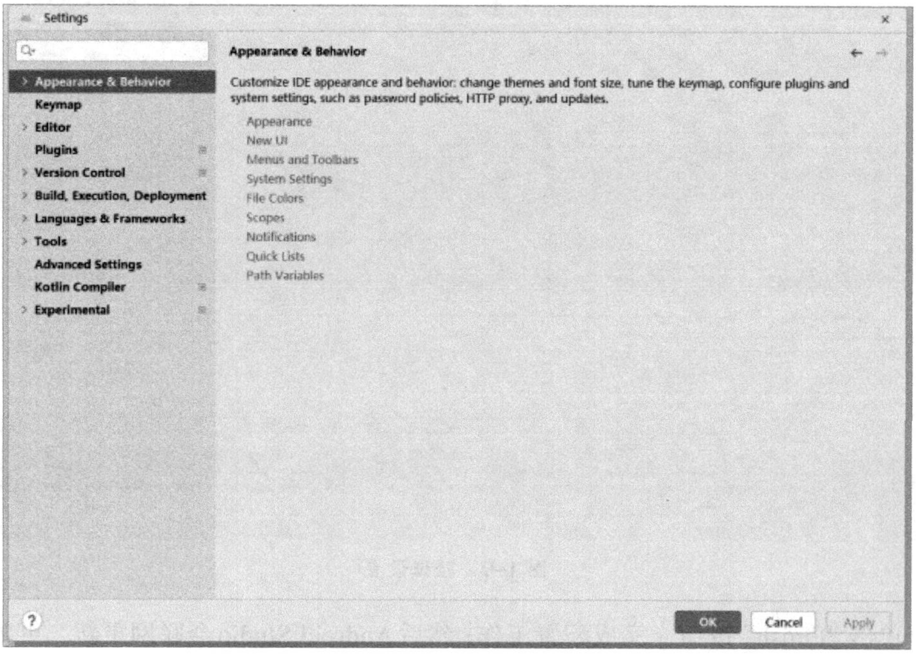

图 1-11　Android Studio 设置

2. 创建第一个 Android 项目：Hello World！

（1）在 Android Studio 的欢迎界面选择“New Project”选项，进入选择模板的界面，如图 1–12 所示，选择“Empty Views Activity”。

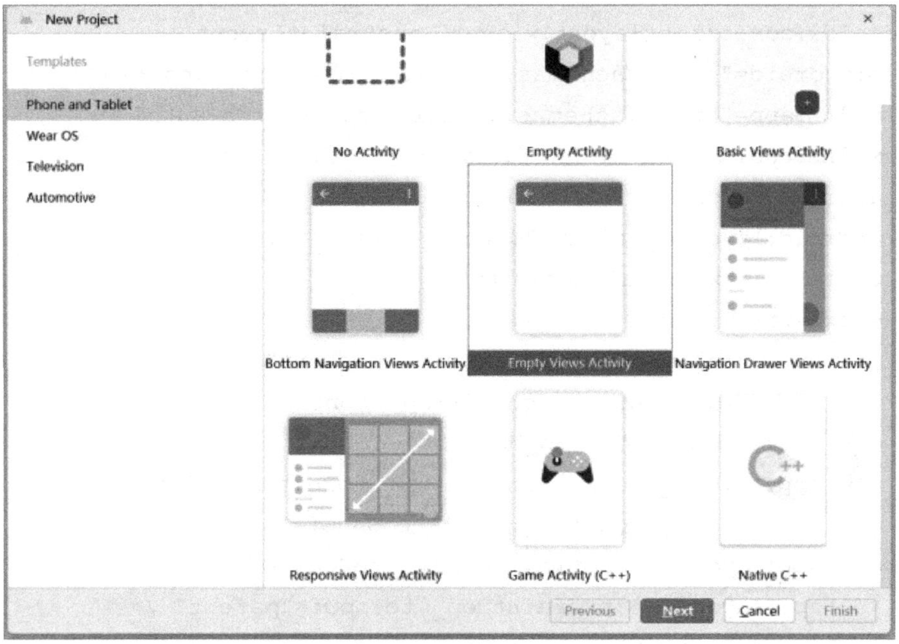

图 1–12　新建 Android Studio 项目

（2）单击“Next”按钮可以对项目的最低兼容版本进行设置，因为 Android 9.0 以上的系统已经占据了超过 90% 的用户使用份额，所以这里的 Minimum SDK 的版本选择 9.0。填写项目的名字和存储位置，如图 1–13 所示。

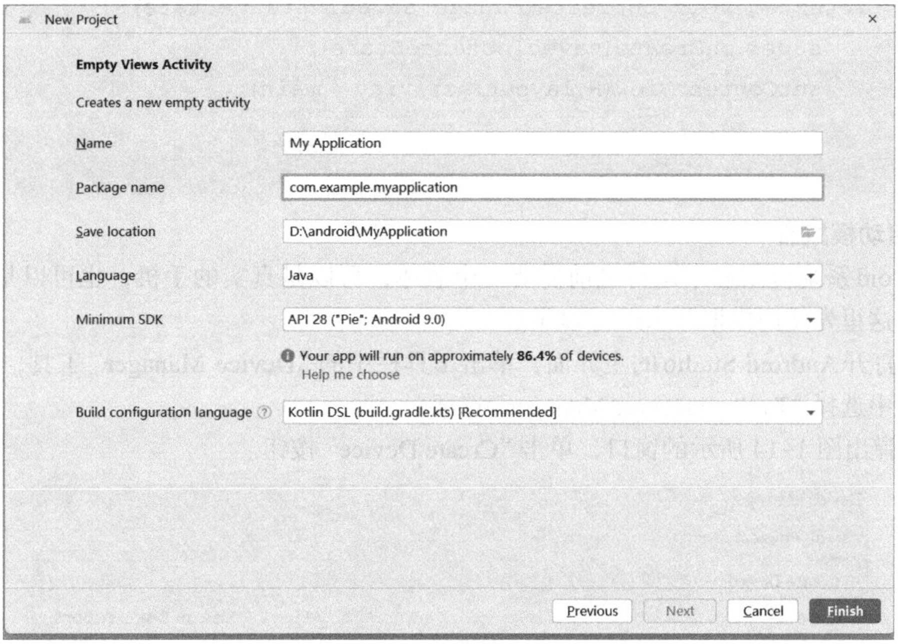

图 1–13　填写项目信息

（3）单击“Finish”按钮，项目就创建成功了。

（4）默认界面布局代码如下。

```
<?xml version="1.0" encoding="utf-8"?>
<androidx.constraintlayout.widget.ConstraintLayout
xmlns:android="http://schemas.android.com/apk/res/android"
    xmlns:app="http://schemas.android.com/apk/res-auto"
    xmlns:tools="http://schemas.android.com/tools"
    android:layout_width="match_parent"
    android:layout_height="match_parent"
    tools:context=".MainActivity">
    <TextView
        android:layout_width="wrap_content"
        android:layout_height="wrap_content"
        android:text="Hello World!"
        app:layout_constraintBottom_toBottomOf="parent"
        app:layout_constraintEnd_toEndOf="parent"
        app:layout_constraintStart_toStartOf="parent"
        app:layout_constraintTop_toTopOf="parent" />
</androidx.constraintlayout.widget.ConstraintLayout>
```

（5）默认控制代码如下。

```
public class MainActivity extends AppCompatActivity {
    @Override
    protected void onCreate(Bundle savedInstanceState) {
        super.onCreate(savedInstanceState);
        setContentView(R.layout.activity_main);
    }
}
```

3. 启动模拟器

Android系统应用程序运行之前需要一个载体，可以是真实的手机，也可以是Android模拟器，这里先使用模拟器来运行程序。

（1）打开Android Studio的主界面，单击工具栏中的“Device Manager”工具；或者在主界面菜单中选择“Tools→Device Manager”选项。

（2）弹出图1-14所示的窗口，单击“Create Device”按钮。

图 1-14　创建模拟器

（3）弹出图 1-15 所示的窗口，这里有很多供选择的设备，如TV、Wear（穿戴设备）、Phone、Tablet（平板），这里选择“Phone”。

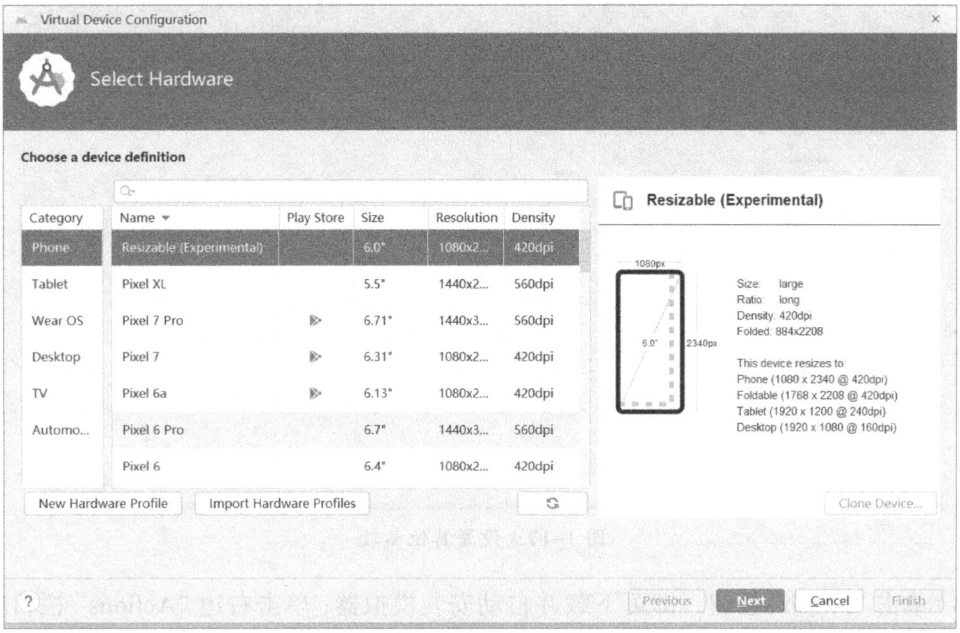

图 1-15　选择模拟器设备

（4）单击“Next”按钮，进入System Image对话框，即操作系统版本对话框，选择“API 34”选项，如图 1-16 所示。

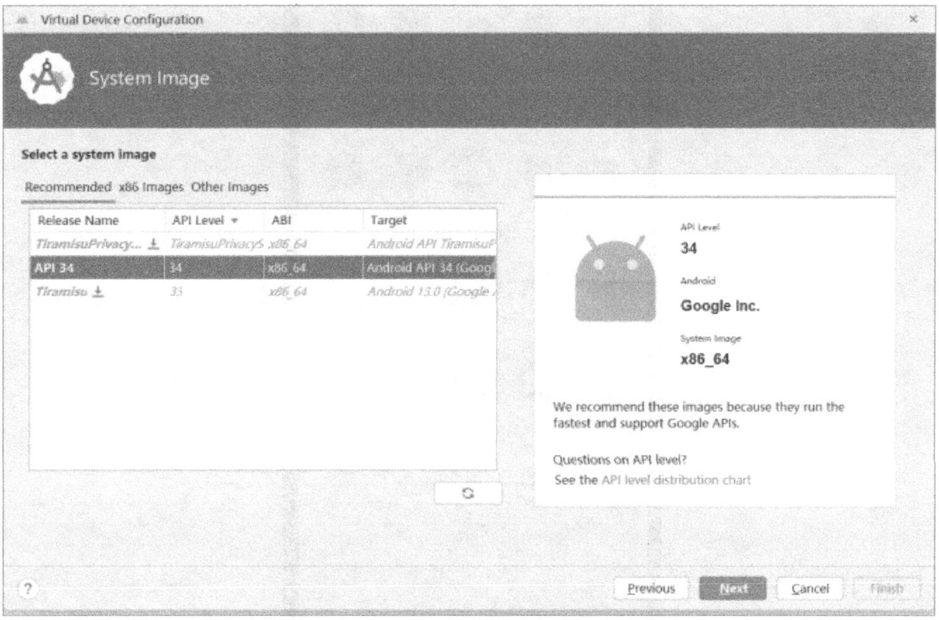

图 1-16　选择模拟器 API 版本

（5）单击“Next”按钮，弹出图 1-17 所示的对话框，这里是模拟器的一些配置，保持默认。

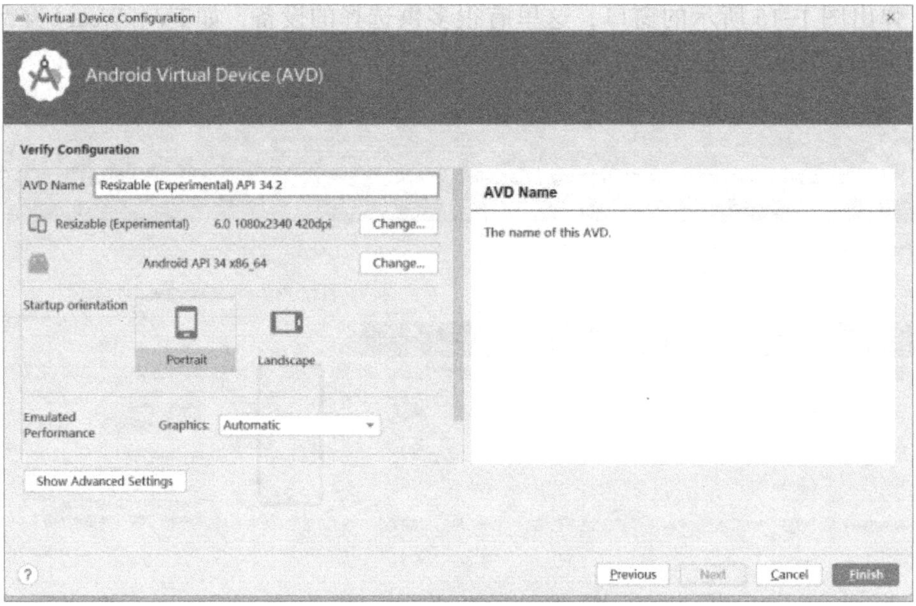

图 1-17　设置其他参数

（6）单击“Finish”按钮，即可下载并自动安装模拟器；单击右边“Actions”栏目的三角形按钮即可启动模拟器。模拟器启动后的效果如图 1-18 所示。

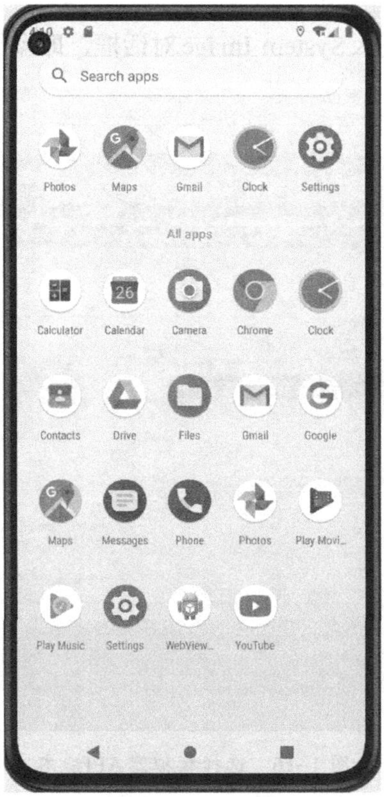

图 1-18　启动模拟器

4. 运行项目

现在模拟器已经启动了，接下来将上面的“Hello World！”项目运行到模拟器上。在Android Studio的工具栏中部有三个按钮，如图 1–19 所示。其中左边的锤子图标用来编译项目；中间的部分用来选择项目，通常“app”就是当前的项目；右边的三角形图标用来运行项目。

图 1–19　工具栏中部

单击右边的三角形，即“运行项目”按钮，等待Android Studio编译，成功后会提示“Hello World！”项目运行成功，然后可以发现模拟器已经安装并运行了“Hello World！”这个应用，如图 1–20 所示。

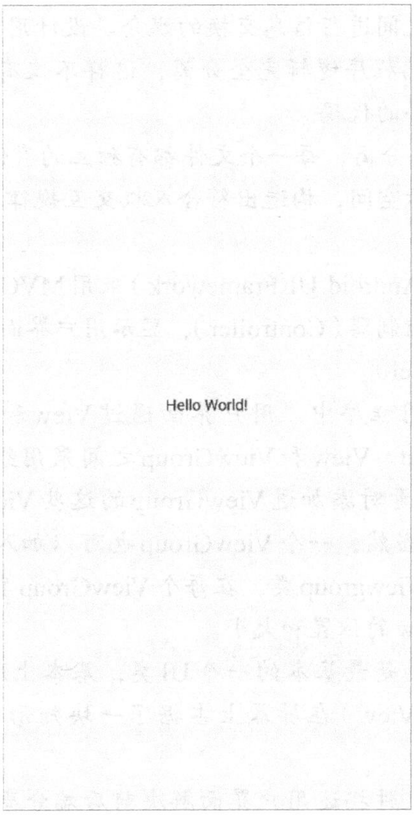

图 1–20　运行结果

第 2 章　Andorid 界面设计

本章概述

用户界面是系统和用户之间进行信息交换的媒介。设计用户界面需要做到如下方面：

（1）前端界面设计与后端程序逻辑完全分离，这样不仅有利于软件的并行开发，而且在修改界面时，不用修改程序的代码。

（2）资源文件与功能文件分离，每一个文件都有独立的存储位置。

（3）合理利用屏幕的显示空间，构造出符合人机交互规律的用户界面，避免出现凌乱、拥挤的用户界面。

Android 用户界面框架（Android UI Framework）采用 MVC（Model-View-Controller）模式，提供了处理用户输入的控制器（Controller）、显示用户界面和图像的视图（View），以及保存数据和代码的模型（Model）。

在一个 Android 系统应用程序中，用户界面通过 View 和 ViewGroup 对象构建，所有 ViewGroup 的子类称为 Layout。View 和 ViewGroup 之间采用组合设计模式。ViewGroup 作为布局容器类的最上层，负责对添加进 ViewGroup 的这些 View 进行布局，布局容器里又可以有 View 和 ViewGroup。当然，一个 ViewGroup 也可以加入另一个 ViewGroup 里。因为 ViewGroup 也是继承自 View.Viewgroup 类，在每个 ViewGroup 类中都会有一个嵌套类，这个嵌套类的属性中定义了子 View 的位置和大小。

在 Android 当中，View 类是最基本的一个 UI 类，基本上所有的高级 UI 组件都是继承 View 类实现的，一个视图（View）在屏幕上占据了一块矩形区域，并负责渲染这块矩形区域。

Android 框架使用 XML 文件描述用户界面解决前后端分离的问题，使用资源文件独立保存在资源文件夹中解决文件分离的问题，使用 Layout 解决合理利用屏幕显示空间的问题。以上方法使得 Android 框架对用户界面的描述非常灵活，本章通过一系列控件的实验来讲解 Android 的用户界面设计。

实验1 文本标签（TextView）与按钮（Button）

一、实验目的

（1）掌握TextView控件的常用方法及属性。
（2）掌握Button控件的常用方法及属性。
（3）了解使用Button进行控件控制的方法。
（4）了解界面绘制的基本方法及后端控制的方法。

二、相关知识

TextView控件是文本表示控件，主要功能是向用户展示文本的内容，是不可编辑的，其常用方法见表2-1。

表2-1 文本标签常用方法

方法	功能
getText()	获取文本标签的文本内容
setText(CharSequence)	设置文本标签的文本内容
setTextSize(float)	设置文本标签的文本大小
setTextColor(int)	设置文本标签的文本颜色

Button控件用于处理人机交互事件，在一般应用程序中经常会用到。Button由TextView派生而来，所以TextView拥有的属性和方法，Button均有。Button控件在程序设计中最常用来设置单击事件，也就是单击按钮后触发相应的事件。在Android中，设置按钮单击事件可以通过设置OnClick属性和OnClickListener接口两种方法实现，在实验1中采用OnClickListener接口实现。

按钮调用OnClickListener接口的方法如下：

```
setOnClickListener(OnClickListener 对象);
```

三、实验内容

（1）创建项目。
（2）设计界面布局文件。
（3）设计控制文件。
（4）在虚拟机中运行项目。

四、实验步骤

1. 创建项目

（1）打开Android Studio软件，选择“File→New→New Project”选项，如图 2-1 所示，打开New Project面板。

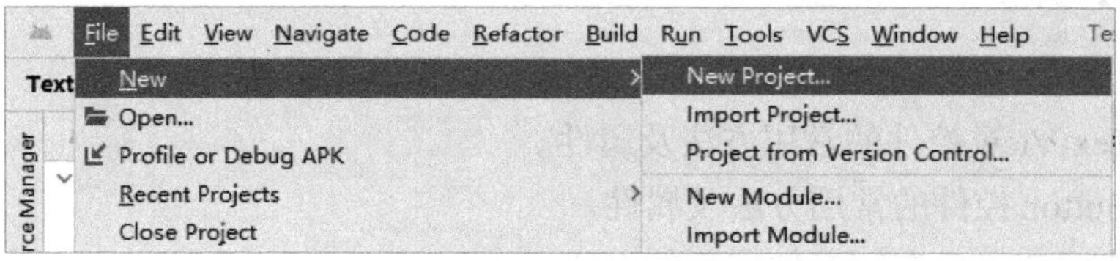

图 2-1 新建项目

（2）在New Project面板中，选择“Empty Views Activity”，然后单击“Next”按钮，如图 2-2（a）所示。

（3）在New Project新面板中的Name标签框中输入“TextandButton”作为项目名称，在Language列表框中选择“Java”作为编程语言。如果需要修改项目的存储目录，可以单击Save location标签项后面的文件夹图标。此项目是基于Android 9.0 的，所以需要将Minimum SDK修改为“API 28”，最后单击“Finish”按钮完成项目设置。设置完成后的面板如图 2-2（b）所示。

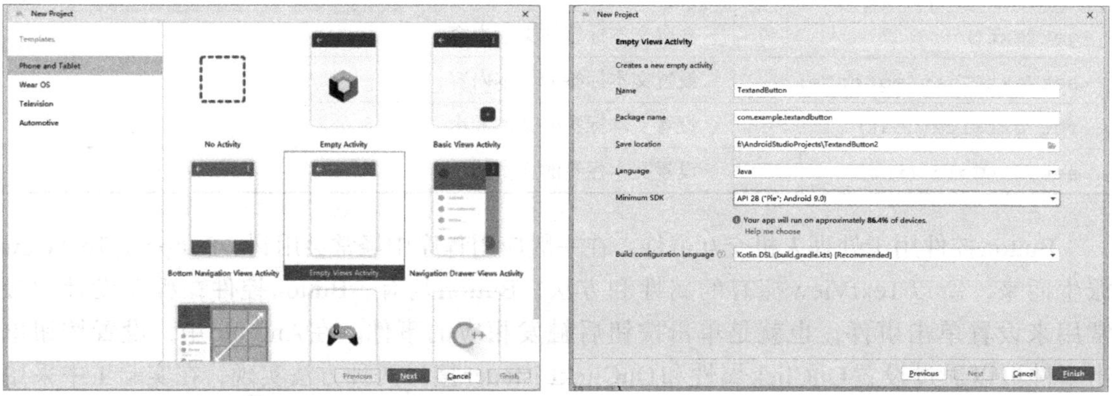

（a） （b）

图 2-2 New Project 面板

2. 设计界面布局文件

（1）在Android Studio设计界面中，确认项目视图为Android视图，然后打开界面布局文件，具体路径为app/res/layout/activity_main.xml，如图 2-3 所示。

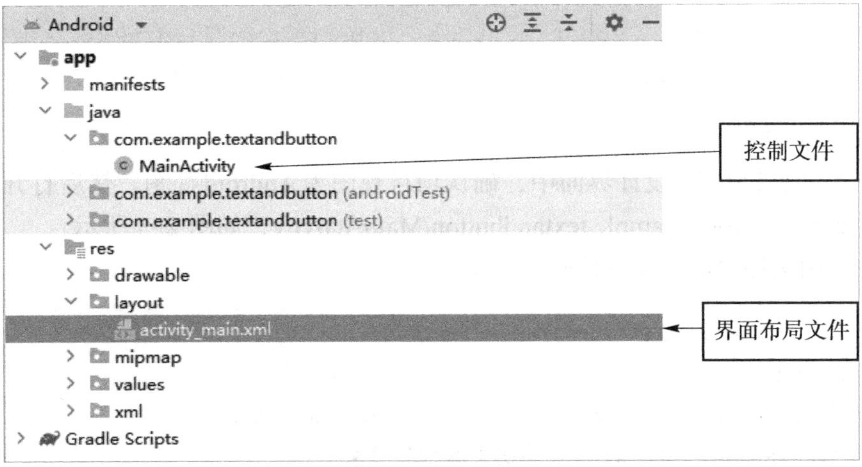

图 2-3　具体路径

（2）在界面布局文件中加入文本标签组件TextView，设置文本标签组件的id属性，以及添加按钮组件Button，完整代码如下所示。

```
    <?xml version="1.0" encoding="utf-8"?>
    <androidx.constraintlayout.widget.ConstraintLayout
xmlns:android="http://schemas.android.com/apk/res/android"
        xmlns:app="http://schemas.android.com/apk/res-auto"
        xmlns:tools="http://schemas.android.com/tools"
        android:layout_width="match_parent"
        android:layout_height="match_parent"
        tools:context=".MainActivity">
        <TextView
            android:id="@+id/textView"
            android:layout_width="wrap_content"
            android:layout_height="wrap_content"
            android:layout_marginTop="92dp"
            android:text="TextView"
            app:layout_constraintEnd_toEndOf="parent"
            app:layout_constraintStart_toStartOf="parent"
            app:layout_constraintTop_toTopOf="parent" />
        <Button
            android:id="@+id/button"
            android:layout_width="wrap_content"
            android:layout_height="wrap_content"
            android:layout_marginTop="60dp"
            android:text="Button"
            app:layout_constraintEnd_toEndOf="parent"
            app:layout_constraintStart_toStartOf="parent"
```

```
        app:layout_constraintTop_toBottomOf="@+id/textView" />
</androidx.constraintlayout.widget.ConstraintLayout>
```

3. 设计控制文件

（1）在Android Studio设计界面中，确认项目视图为Android视图，然后打开控制文件，具体路径为app/java/com.example.textandbutton/MainActivity，如图 2-3 所示。

（2）在控制文件中输入如下代码：

```
package com.example.textandbutton;
import 省略......
public class MainActivity extends AppCompatActivity {
    TextView textView;  //声明文本标签对象
    Button button;      //声明按钮对象
    @Override
    protected void onCreate(Bundle savedInstanceState) {
        super.onCreate(savedInstanceState);
        setContentView(R.layout.activity_main);
        //与布局文件中的文本标签建立关联
        textView = findViewById(R.id.textView);
        //与布局文件中的按钮建立关联
        button = findViewById(R.id.button);
        //通过OnClickListener来监听按钮的Click事件
        button.setOnClickListener(new View.OnClickListener() {
            @Override
            public void onClick(View view) {
                textView.setText("你好");           //设置文本标签的文字
                textView.setTextColor(Color.RED); //设置文本标签的文字颜色
            }
        });
    }
}
```

4. 在虚拟机中运行项目

（1）代码编写完成以后，在工具栏偏右的位置可以看到图 2-4 所示内容。可以看到项目运行在名为Genymotion Nexus 7 的虚拟机上，如果没有启动虚拟机则看不到虚拟机名称。单击三角形图标，即“运行”按钮运行项目。

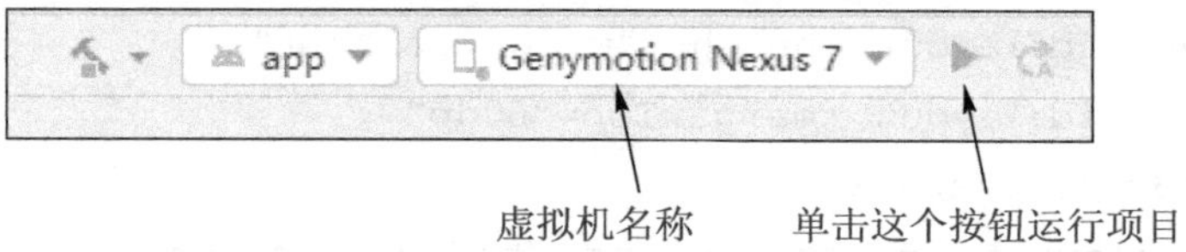

图 2-4 运行项目

（2）打开虚拟机界面可以看到图 2–5 所示结果。图 2–5（a）是程序运行的结果，图 2–5（b）是单击“Button”按钮后的结果。

（a）

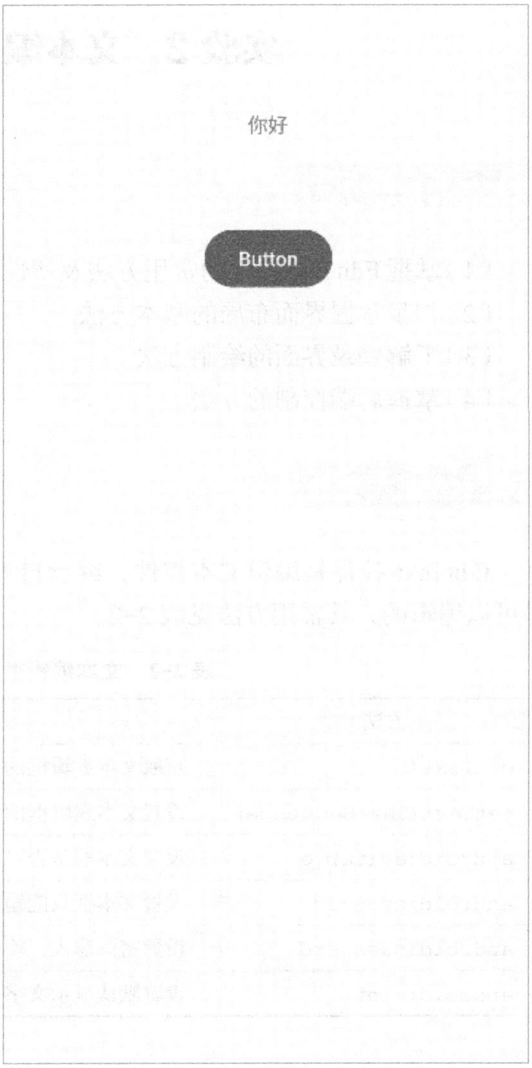

（b）

图 2–5　运行结果

实验 2 文本编辑框（EditText）

一、实验目的

（1）掌握EditText控件的常用方法及属性。
（2）初步掌握界面布局的基本方法。
（3）了解登录界面的绘制方法。
（4）掌握后端控制的方法。

二、相关知识

EditText 控件是编辑文本控件，继承自 TextView，用于接收用户输入的文本信息内容，是可以编辑的，其常用方法见表 2-2。

表 2-2 文本编辑框常用方法及 XML 元素

方法	功能
getText()	获取文本编辑框的文本内容
setText(CharSequence)	设置文本编辑框的文本内容
android:editable	设置文本框是否可以编辑，其值为true或false，默认为true
android:numeric	设置文本框只能输入数字，其值为true或false，默认为false
android:password	设置密码输入，输入内容显示为圆点，其值为true或false，默认为false
android:hint	设置默认显示文字

三、实验内容

（1）创建项目。
（2）设计界面布局文件。
（3）设计控制文件。
（4）在虚拟机中运行项目。

四、实验步骤

（1）创建EditText_login项目。
（2）设计界面布局文件。

①打开界面布局文件，具体路径为app/res/layout/activity_main.xml。

②在界面布局文件中，添加两个TextView、两个EditText和一个Button。完整代码如下所示。

```
<?xml version="1.0" encoding="utf-8"?>
<androidx.constraintlayout.widget.ConstraintLayout
xmlns:android="http://schemas.android.com/apk/res/android"
    xmlns:app="http://schemas.android.com/apk/res-auto"
    xmlns:tools="http://schemas.android.com/tools"
    android:layout_width="match_parent"
    android:layout_height="match_parent"
    tools:context=".MainActivity">
    <EditText
        android:id="@+id/editTextText2"
        android:layout_width="wrap_content"
        android:layout_height="wrap_content"
        android:layout_marginStart="50dp"
        android:layout_marginTop="187dp"
        android:ems="10"
        android:hint="请输入密码"
        android:inputType="text"
        app:layout_constraintStart_toEndOf="@+id/textView2"
        app:layout_constraintTop_toTopOf="parent" />
    <TextView
        android:id="@+id/textView2"
        android:layout_width="wrap_content"
        android:layout_height="wrap_content"
        android:layout_marginStart="30dp"
        android:layout_marginTop="200dp"
        android:text="密码"
        app:layout_constraisntStart_toStartOf="parent"
        app:layout_constraintTop_toTopOf="parent" />
    <EditText
        android:id="@+id/editTextText"
        android:layout_width="wrap_content"
        android:layout_height="wrap_content"
        android:layout_marginStart="50dp"
        android:layout_marginTop="87dp"
        android:ems="10"
        android:hint="请输入用户名"
        android:inputType="text"
```

```
        app:layout_constraintStart_toEndOf="@+id/textView"
        app:layout_constraintTop_toTopOf="parent" />
<TextView
        android:id="@+id/textView"
        android:layout_width="wrap_content"
        android:layout_height="wrap_content"
        android:layout_marginStart="30dp"
        android:layout_marginTop="100dp"
        android:text="用户名"
        app:layout_constraintStart_toStartOf="parent"
        app:layout_constraintTop_toTopOf="parent" />
    <Button
        android:id="@+id/button"
        android:layout_width="wrap_content"
        android:layout_height="wrap_content"
        android:layout_marginTop="108dp"
        android:text="确定"
        app:layout_constraintEnd_toEndOf="parent"
        app:layout_constraintStart_toStartOf="parent"
        app:layout_constraintTop_toBottomOf="@+id/editTextText2" />
</androidx.constraintlayout.widget.ConstraintLayout>
```

（3）设计控制文件。

①打开控制文件，具体路径为app/java/com.example.EditText_login/MainActivity。

②在控制文件中输入如下代码：

```
import 省略......
public class MainActivity extends AppCompatActivity {
    EditText editText1,editText2;
    Button button;
    @Override
    protected void onCreate(Bundle savedInstanceState) {
        super.onCreate(savedInstanceState);
        setContentView(R.layout.activity_main);
        editText1 = findViewById(R.id.editTextText);
        editText2 = findViewById(R.id.editTextText2);
        button = findViewById(R.id.button);
        button.setOnClickListener(new View.OnClickListener() {
            @Override
            public void onClick(View view) {
                String name = editText1.getText().toString();
```

```
                String psw = editText2.getText().toString();
                if(name.equals("wlw")&&psw.equals("123")){
                    Toast.makeText(MainActivity.this,
                            "用户名密码正确",Toast.LENGTH_SHORT).show();
                }
                else{
                    Toast.makeText(MainActivity.this,
                            "用户名密码错误",Toast.LENGTH_SHORT).show();
                }
            }
        });
    }
}
```

（4）在虚拟机中运行项目。

①启动虚拟机，然后单击三角形图标，即“运行”按钮运行项目。

②打开虚拟机界面可以看到图 2-6 所示结果。读者可以在用户名编辑框输入“wlw”，在密码编辑框输入“123”，然后单击“确定”按钮，检测程序运行结果。

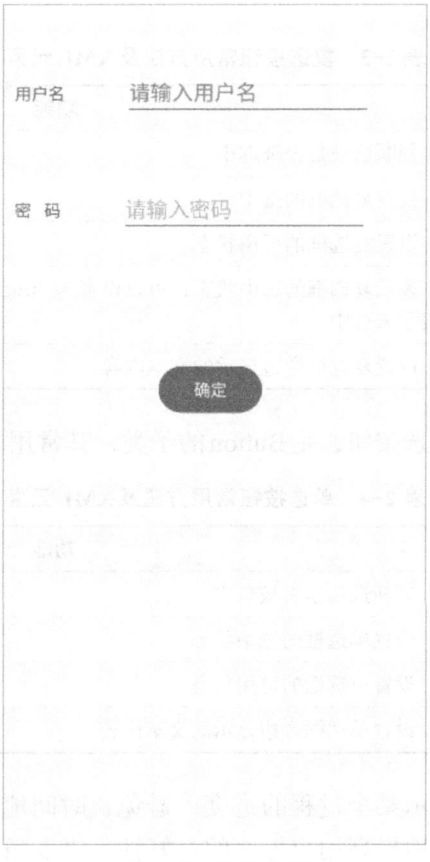

图 2-6 运行结果

实验 3 选项按钮与进度条

一、实验目的

（1）掌握复选按钮 CheckBox 控件的常用方法及属性。
（2）掌握单选按钮 RadioButton 和单选组 RadioGroup 控件的常用方法及属性。
（3）掌握进度条的使用方法。
（4）了解界面布局的基本知识。

二、相关知识

选项按钮用于提供一些选项让用户选择，在 Android 中选项按钮主要由 CheckBox 控件和 RadioButton 控件构成。CheckBox 控件也称复选按钮，是 Button 的子类，其常用方法见表 2-3。

表 2-3 复选按钮常用方法及 XML 元素

方法	功能
isChecked()	判断选项是否被选中
setChecked(boolean)	设置复选框的选中状态
setEnabled(boolean)	设置复选框的可用状态
android:checked	表示复选框的选中状态，可以设置为 “true” 表示选中，或者设置为 “false” 表示未选中
android:text	设置复选框旁边显示的文本内容

RadioButton 控件也称单选按钮，是 Button 的子类，其常用方法见表 2-4。

表 2-4 单选按钮常用方法及 XML 元素

方法	功能
isChecked()	判断选项是否被选中
setChecked(boolean)	设置单选框的选中状态
setEnabled(boolean)	设置单选框的可用状态
android:text	设置单选框旁边显示的文本内容

进度条控件可动态地显示某个过程的进度，避免长时间地执行某个操作时让用户感觉程序失去了响应，从而更好地提高用户界面的友好性。进度条控件是为数不多的直接继承自 View 类的控件。其常用方法见表 2-5。

表 2-5　进度条常用方法及XML元素

方法	功能
setMax()	设置进度条的变化范围
setProgress(int)	设置进度条的当前值
android:style	设置进度条的风格
android:max	设置进度条的最大值
android:progress	设置进度条的已完成进度值

三、实验内容

（1）创建并运行选项按钮项目。

（2）创建并运行进度条项目。

四、实验步骤

1. 创建checkboxandradiobutton项目

（1）设计界面布局文件。

在界面布局文件中，添加复选按钮和单选按钮。完整代码如下所示。

```
<?xml version="1.0" encoding="utf-8"?>
<androidx.constraintlayout.widget.ConstraintLayout
xmlns:android="http://schemas.android.com/apk/res/android"
    xmlns:app="http://schemas.android.com/apk/res-auto"
    xmlns:tools="http://schemas.android.com/tools"
    android:layout_width="match_parent"
    android:layout_height="match_parent"
    tools:context=".MainActivity">
    <TextView
        android:id="@+id/textView"
        android:layout_width="wrap_content"
        android:layout_height="wrap_content"
        android:layout_marginStart="10dp"
        android:layout_marginTop="15dp"
        android:text="请选择你的爱好"
        app:layout_constraintStart_toStartOf="parent"
        app:layout_constraintTop_toTopOf="parent" />
     <CheckBox
        android:id="@+id/checkBox"
        android:layout_width="wrap_content"
```

```
        android:layout_height="wrap_content"
        android:layout_marginStart="30dp"
        android:layout_marginTop="20dp"
        android:text="看书"
        app:layout_constraintStart_toStartOf="parent"
        app:layout_constraintTop_toBottomOf="@+id/textView" />
    <CheckBox
        android:id="@+id/checkBox2"
        android:layout_width="wrap_content"
        android:layout_height="wrap_content"
        android:layout_marginStart="30dp"
        android:layout_marginTop="20dp"
        android:text="跳舞"
        app:layout_constraintStart_toStartOf="parent"
        app:layout_constraintTop_toBottomOf="@+id/checkBox" />
    <CheckBox
        android:id="@+id/checkBox3"
        android:layout_width="wrap_content"
        android:layout_height="wrap_content"
        android:layout_marginStart="30dp"
        android:layout_marginTop="20dp"
        android:text="唱歌"
        app:layout_constraintStart_toStartOf="parent"
        app:layout_constraintTop_toBottomOf="@+id/checkBox2" />
    <TextView
        android:id="@+id/textView2"
        android:layout_width="wrap_content"
        android:layout_height="wrap_content"
        android:layout_marginStart="10dp"
        android:layout_marginTop="40dp"
        android:text="请选择你的性别"
        app:layout_constraintStart_toStartOf="parent"
        app:layout_constraintTop_toBottomOf="@+id/checkBox3" />
    <RadioGroup
        android:id="@+id/radioGroup"
        android:layout_width="219dp"
        android:layout_height="99dp"
        android:layout_marginStart="30dp"
        android:layout_marginTop="20dp"
        app:layout_constraintStart_toStartOf="parent"
        app:layout_constraintTop_toBottomOf="@+id/textView2">
```

```
            <RadioButton
                android:id="@+id/radioButton"
                android:layout_width="match_parent"
                android:layout_height="wrap_content"
                android:text="男" />
            <RadioButton
                android:id="@+id/radioButton2"
                android:layout_width="match_parent"
                android:layout_height="wrap_content"
                android:text="女" />
    </RadioGroup>
    <TextView
        android:id="@+id/textView3"
        android:layout_width="198dp"
        android:layout_height="221dp"
        android:layout_marginStart="100dp"
        android:layout_marginTop="60dp"
        app:layout_constraintStart_toEndOf="@+id/checkBox"
        app:layout_constraintTop_toTopOf="parent" />
    <Button
        android:id="@+id/button"
        android:layout_width="wrap_content"
        android:layout_height="wrap_content"
        android:layout_marginTop="30dp"
        android:text="确定"
        app:layout_constraintEnd_toEndOf="parent"
        app:layout_constraintStart_toStartOf="parent"
        app:layout_constraintTop_toBottomOf="@+id/radioGroup" />
</androidx.constraintlayout.widget.ConstraintLayout>
```

（2）设计控制文件。

在控制文件中输入如下代码：

```
import 省略......
public class MainActivity extends AppCompatActivity {
    CheckBox checkBox1,checkBox2,checkBox3;
    RadioButton radioButton1,radioButton2;
    Button button;
TextView textView;
    protected void onCreate(Bundle savedInstanceState) {
        super.onCreate(savedInstanceState);
```

```
        setContentView(R.layout.activity _ main);
        checkBox1 = findViewById(R.id.checkBox);
        checkBox2 = findViewById(R.id.checkBox2);
        checkBox3 = findViewById(R.id.checkBox3);
        radioButton1 = findViewById(R.id.radioButton);
        radioButton2 = findViewById(R.id.radioButton2);
        button = findViewById(R.id.button);
        textView = findViewById(R.id.textView3);
        button.setOnClickListener(new View.OnClickListener() {
            @Override
            public void onClick(View view) {
              String str = "";
                if(checkBox1.isChecked()){
                    str = str+"\n"+checkBox1.getText();
                }
                if(checkBox2.isChecked()){
                    str = str+"\n"+checkBox2.getText();
                }
                if(checkBox3.isChecked()){
                    str = str+"\n"+checkBox3.getText();
                }
                String s = "";
                if(radioButton1.isChecked()){
                    s = s+radioButton1.getText();
                }
                if(radioButton2.isChecked()){
                    s = s+radioButton2.getText();
                }
                textView.setText("你的爱好是:"+str+"\n你的性别是:"+s);
            }
        });
    }
}
```

（3）在虚拟机中运行项目。

打开虚拟机界面可以看到图 2-7 所示结果。

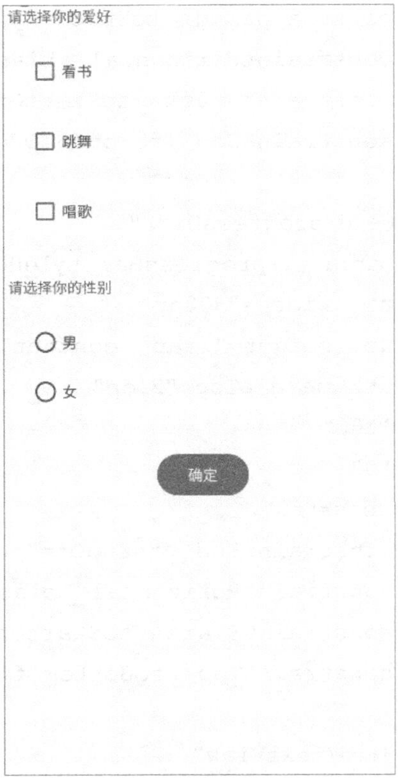

图 2-7 运行结果

2. 创建progressbartest项目

（1）设计界面布局文件。

在界面布局文件中，添加进度条控件。完整代码如下所示。

```
<?xml version="1.0" encoding="utf-8"?>
<androidx.constraintlayout.widget.ConstraintLayout
xmlns:android="http://schemas.android.com/apk/res/android"
    xmlns:app="http://schemas.android.com/apk/res-auto"
    xmlns:tools="http://schemas.android.com/tools"
    android:layout_width="match_parent"
    android:layout_height="match_parent"
    tools:context=".MainActivity">
    <ProgressBar
        android:id="@+id/progressBar"
        style="?android:attr/progressBarStyle"
        android:layout_width="wrap_content"
        android:layout_height="wrap_content"
        android:layout_width="wrap_content"
        android:layout_height="wrap_content"
        android:layout_marginTop="25dp"
```

```
        app:layout _ constraintEnd _ toEndOf="parent"
        app:layout _ constraintHorizontal _ bias="0.5"
        app:layout _ constraintStart _ toStartOf="parent"
        app:layout _ constraintTop _ toBottomOf="@+id/textView" />
    <ProgressBar
        android:id="@+id/progressBar2"
        style="?android:attr/progressBarStyleHorizontal"
        android:layout _ width="300dp"
        android:layout _ height="wrap _ content"
        android:layout _ marginTop="31dp"
        android:max="100"
        android:min="0"
        android:progress="50"
        app:layout _ constraintEnd _ toEndOf="parent"
        app:layout _ constraintHorizontal _ bias="0.5"
        app:layout _ constraintStart _ toStartOf="parent"
        app:layout _ constraintTop _ toBottomOf="@+id/textView2" />
<TextView
        android:id="@+id/textView"
        android:layout _ width="wrap _ content"
        android:layout _ height="wrap _ content"
        android:layout _ marginTop="61dp"
        android:text="旋转进度条"
        app:layout _ constraintEnd _ toEndOf="parent"
        app:layout _ constraintHorizontal _ bias="0.5"
        app:layout _ constraintStart _ toStartOf="parent"
        app:layout _ constraintTop _ toTopOf="parent" />
    <TextView
        android:id="@+id/textView2"
        android:layout _ width="wrap _ content"
        android:layout _ height="wrap _ content"
        android:layout _ marginTop="61dp"
        android:text="水平进度条"
        app:layout _ constraintEnd _ toEndOf="parent"
        app:layout _ constraintHorizontal _ bias="0.5"
        app:layout _ constraintStart _ toStartOf="parent"
        app:layout _ constraintTop _ toBottomOf="@+id/progressBar" />
    <Button
        android:id="@+id/button"
        android:layout _ width="wrap _ content"
        android:layout _ height="wrap _ content"
```

```
        android:layout_marginTop="45dp"
        android:text="增加"
        app:layout_constraintEnd_toEndOf="parent"
        app:layout_constraintHorizontal_bias="0.5"
        app:layout_constraintStart_toStartOf="parent"
        app:layout_constraintTop_toBottomOf="@+id/progressBar2" />
    <Button
        android:id="@+id/button2"
        android:layout_width="wrap_content"
        android:layout_height="wrap_content"
        android:layout_marginTop="29dp"
        android:text="减少"
        app:layout_constraintEnd_toEndOf="parent"
        app:layout_constraintHorizontal_bias="0.5"
        app:layout_constraintStart_toStartOf="parent"
        app:layout_constraintTop_toBottomOf="@+id/button" />
</androidx.constraintlayout.widget.ConstraintLayout>
```

（2）设计控制文件。

在控制文件中输入如下代码：

```
import 省略......
public class MainActivity extends AppCompatActivity{
    ProgressBar progressBar;
    Button button1,button2;
    @Override
    protected void onCreate(Bundle savedInstanceState) {
        super.onCreate(savedInstanceState);
        setContentView(R.layout.activity_main);
        progressBar = findViewById(R.id.progressBar2);
        button1 = findViewById(R.id.button);
        button2 = findViewById(R.id.button2);
        button1.setOnClickListener(new View.OnClickListener() {
            @Override
            public void onClick(View view) {
                progressBar.incrementProgressBy(10);
        }
        });
        button2.setOnClickListener(new View.OnClickListener() {
            @Override
            public void onClick(View view) {
```

```
                progressBar.incrementProgressBy(-10);
            }
        });
    }}
```

（3）在虚拟机中运行项目。

打开虚拟机界面可以看到图 2-8 所示结果。

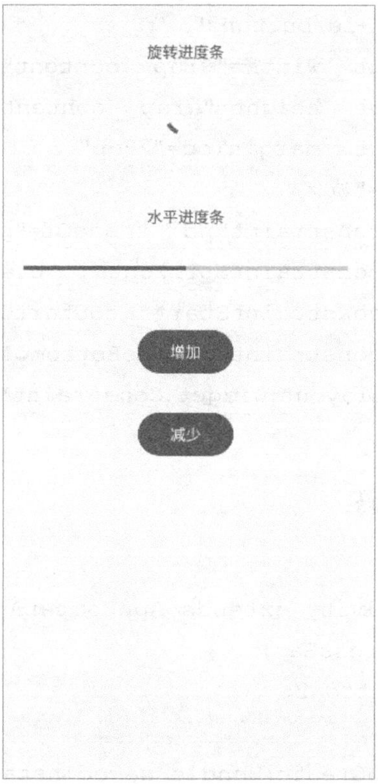

图 2-8 运行结果

实验4　Android布局管理

一、实验目的

（1）掌握线性布局的使用方法。
（2）掌握帧布局的使用方法。
（3）掌握网格布局的使用方法。
（4）掌握界面布局的基本知识。

二、相关知识

Android布局管理是指在XML布局文件中设置组件的大小、间距、排列等。Android的界面是由布局和组件协同构成的，布局好比是楼房建设中的钢筋框架，而组件则相当于砖瓦。组件按照布局的要求依次排列，就组成了用户所看见的界面。Android常见的布局方式有线性布局（LinearLayout）、帧布局（FrameLayout）、网格布局（GridLayout）、约束布局（ConstraintLayout）等。需要注意的是，所有的布局方式都是可以叠加的，也就是说一个线性布局中可以套用一个帧布局，从而形成更加复杂的界面。

线性布局将组件按照水平或垂直方向排列，所有子视图依次堆叠，因此无论子视图有多宽，垂直列表每行均只有一个子视图，水平列表将只有一行高（最高子视图的高度加上内边距）。在布局文件中由“android:orientation”属性来控制排列方向，其值有水平和垂直两种。

```
android:orientation="horizontal";//设置线性布局为水平方向
android:orientation="vertical";//设置线性布局为垂直方向
```

帧布局是Android中最基本的布局组件之一。它可以让操作者在帧布局内添加子组件，并将它们以层叠的形式排列在一起。帧布局只维持了一个Z轴上的栈空间，也就是说，它的所有子组件都平铺在同一层。这种特性使得帧布局非常适合用来实现一些具有重叠效果的布局，例如在视频播放界面中，播放控制栏通常会与视频画面重叠在一起，并且在需要时可以滑动、隐藏或显示控制栏。

网格布局可以把区域划分为由若干行、列组成的网格，每个网格中可以放置需要的组件，在网格布局属性中可以设置组件的大小和摆放方式，每个组件可以占据多行或多列。其常用属性见表2-6。

表2-6　网格布局常用属性

属性	功能
alignmentMode	设置网格布局的对齐方式
columnCount	设置网格列数

续 表

属性	功能
rowCount	设置网格行数
layout _ columnSpan	设置组件占据的列数
layout _ rowSpan	设置组件占据的行数

约束布局是一个ViewGroup，可以在API 9以上的Android系统中使用。它的出现主要是为了解决布局嵌套过多的问题，以灵活的方式定位和调整组件。从Android 2.3起，官方的模板默认使用约束布局。在前面的实验中，创建界面文件使用的布局形式都是约束布局。要在约束布局中定义某个视图的位置，必须为该视图添加至少一个水平约束条件和一个垂直约束条件。每个约束条件均表示与其他视图、父布局或隐形引导线之间的连接或对齐方式。每个约束条件均定义了视图在竖轴或者横轴上的位置，因此每个视图在每个轴上都必须至少有一个约束条件，但通常情况下会需要更多约束条件。其常用属性见表2-7。

表 2-7　约束布局常用属性

属性	功能
layout _ constraintLeft _ toLeftOf	当前View的左侧和另一个View的左侧位置对齐，与RelativeLayout的alignLeft的属性相似
layout _ constraintLeft _ toRightOf	当前View的左侧会在另一个View的右侧位置，与RelativeLayout的toRightof属性相似
layout _ constraintRight _ toLeftOf	当前View的右侧会在另一个View的左侧位置，与RelativeLayout的toLeftof属性相似
layout _ constraintRight _ toRightOf	当前View的右侧和另一个View的右侧位置对齐，与RelativeLayout的alignRight属性相似
layout _ constraintTop _ toTopOf	头部对齐，与alignTop属性相似
layout _ constraintTop _ toBottomOf	当前View在另一个View的下方，与below相似
layout _ constraintBottom _ toTopOf	当前View在另一个View的上方，与above相似
layout _ constraintBottom _ toBottomOf	底部对齐，与alignBottom属性相似
layout _ constraintStart _ toEndOf	同left_toRightOf
layout _ constraintStart _ toStartOf	同left_toLeftOf
layout _ constraintEnd _ toStartOf	同right_toLeftOf
layout _ constraintEnd _ toEndOf	同right_toRightOf

三、实验内容

（1）创建并运行线性布局项目。
（2）创建并运行帧布局项目。
（3）创建并运行网格布局项目。

四、实验步骤

1. 创建线性布局项目

（1）设计界面布局文件，完整代码如下所示。

```
<?xml version="1.0" encoding="utf-8"?>
<LinearLayout xmlns:android="http://schemas.android.com/apk/res/
android"
    android:layout_width="match_parent"
    android:layout_height="match_parent"
    android:orientation="vertical"
    android:weightSum="3">
    <LinearLayout
        android:layout_width="match_parent"
        android:layout_height="wrap_content"
        android:layout_weight="1"
        android:orientation="horizontal">
        <TextView
            android:id="@+id/textView4"
            android:layout_width="wrap_content"
            android:layout_height="match_parent"
            android:layout_weight="1"
            android:background="#FA0606"
            android:text="文本框1" />
        <TextView
            android:id="@+id/textView5"
            android:layout_width="wrap_content"
            android:layout_height="match_parent"
            android:layout_weight="1"
            android:background="#2196F3"
            android:text="文本框2" />
        <TextView
            android:id="@+id/textView6"
            android:layout_width="wrap_content"
            android:layout_height="match_parent"
            android:layout_weight="1"
            android:background="#009688"
            android:text="文本框3" />
</LinearLayout>
```

```
<LinearLayout
        android:layout _ width="match _ parent"
        android:layout _ height="wrap _ content"
        android:layout _ weight="2"
        android:orientation="vertical">
        <TextView
            android:id="@+id/textView2"
            android:layout _ width="match _ parent"
            android:layout _ height="wrap _ content"
            android:layout _ weight="1"
            android:background="#29DC15"
        <TextView
            android:id="@+id/textView"
            android:layout _ width="match _ parent"
            android:layout _ height="wrap _ content"
            android:layout _ weight="1"
            android:background="#5284EA"
            android:text="TextView" />
    </LinearLayout>
</LinearLayout>
```

（2）设计控制文件。

控制文件代码默认生成，不需要修改。代码如下：

```
import 省略......
public class MainActivity extends AppCompatActivity {
    protected void onCreate(Bundle savedInstanceState) {
        super.onCreate(savedInstanceState);
        setContentView(R.layout.activity _ main);}
}
```

（3）在虚拟机中运行项目。

打开虚拟机界面可以看到图 2-9 所示结果。

图 2-9 运行结果

2. 创建帧布局项目

(1)设计界面布局文件，完整代码如下所示。

```
<?xml version="1.0" encoding="utf-8"?>
<FrameLayout xmlns:android="http://schemas.android.com/apk/res/
android"
    android:layout_width="match_parent"
    android:layout_height="match_parent">
    <TextView android:id="@+id/textview01"
        android:layout_width="300dp"
        android:layout_height="300dp"
        android:layout_gravity="center"
        android:background="#FF33ffff" />
    <TextView android:id="@+id/textview02"
        android:layout_width="240dp"
        android:layout_height="240dp"
        android:layout_gravity="center"
        android:background="#FF33ccff" />
    <TextView android:id="@+id/textview03"
        android:layout_width="180dp"
        android:layout_height="180dp"
        android:layout_gravity="center"
        android:background="#FF3399ff" />
    <TextView android:id="@+id/textview04"
```

```
        android:layout _ width="120dp"
        android:layout _ height="120dp"
        android:layout _ gravity="center"
        android:background="#FF3366ff" />
    <TextView android:id="@+id/textview05"
        android:layout _ width="60dp"
        android:layout _ height="60dp"
        android:layout _ gravity="center"
        android:background="#FF3300ff" />
</FrameLayout>
```

（2）设计颜色文件。

颜色文件路径为res/values/colors.xml，在颜色文件中输入如下代码：

```
<?xml version="1.0" encoding="utf-8"?>
<resources>
    <color name="black">#FF000000</color>
    <color name="white">#FFFFFFFF</color>
    <color name="color1">#FF2D2D</color>
    <color name="color2">#FF00FF</color>
    <color name="color3">#005AB5</color>
    <color name="color4">#28FF28</color>
    <color name="color5">#73BF00</color>
</resources>
```

（3）设计控制文件。

在控制文件中输入如下代码：

```
import 省略......
public class MainActivity extends AppCompatActivity {
    private int currentColor=0;

    final int[] colors=new int[]{
            R.color.color1,
            R.color.color2,
            R.color.color3,
            R.color.color4,
            R.color.color5

    };

    final int[] names=new int[]{
```

```
            R.id.textview01,
            R.id.textview02,
            R.id.textview03,
            R.id.textview04,
            R.id.textview05
    };

    TextView[] views=new TextView[names.length];
    //线程监听器，传递消息
    Handler handler=new Handler(){
        @Override
        public void handleMessage(Message msg) {
            if(msg.what==0x111){
                for(int i=0;i<names.length;i++){
                views[i].setBackgroundResource(colors[(i+currentColor)%
names.length]);
                }
                currentColor++;
            }
        }
    };
    @Override
    protected void onCreate(Bundle savedInstanceState) {
        super.onCreate(savedInstanceState);
        setContentView(R.layout.activity_main);
        for(int i=0;i<names.length;i++){
            views[i]=(TextView) findViewById(names[i]);
        }
        //定义经过一个子线程周期性地改变currentColor变量值
        new Timer().schedule(new TimerTask(){
            public void run(){
                //发送一条空消息通知系统改变5个TextView组件的背景色
                handler.sendEmptyMessage(0X111);
            }
        },0,200);
    }
}
```

（4）在虚拟机中运行项目。

打开虚拟机界面可以看到图2-10所示跑马灯效果的运行结果。

图 2-10 运行结果

3. 创建网格布局项目

(1)设计界面布局文件，完整代码如下所示。

```
<?xml version="1.0" encoding="utf-8"?>
<GridLayout xmlns:android="http://schemas.android.com/apk/res/android"
    android:layout_width="match_parent"
    android:layout_height="match_parent"
    android:orientation="vertical">
    <GridLayout
        android:layout_width="match_parent"
        android:layout_height="wrap_content"
        android:orientation="vertical">
        <EditText
            android:id="@+id/ed_srk"
            android:layout_width="match_parent"
            android:layout_height="100dp"
            android:hint="这里输入需要计算的公式"/>
        <TextView
            android:id="@+id/ed_sck"
            android:layout_width="match_parent"
            android:layout_height="100dp" />
    </GridLayout>
```

```
<GridLayout
    android:layout _ width="match _ parent"
    android:layout _ height="wrap _ content"
    android:layout _ gravity="center|top"
    android:orientation="horizontal"
    android:rowCount="5"
    android:columnCount="4"
    android:layout _ marginLeft="30dp">
    <Button
        android:id="@+id/btn _ ac"
        android:layout _ width="160dp"
        android:layout _ height="60dp"
        android:layout _ columnSpan="2"
        android:text="AC"/>
    <Button
        android:id="@+id/btn _ del"
        android:layout _ width="80dp"
        android:layout _ height="60dp"
        android:text="DEL"/>
    <Button
        android:id="@+id/btn _ chu"
        android:layout _ width="80dp"
        android:layout _ height="60dp"
        android:text="/"/>
    <Button
        android:id="@+id/btn7"
        android:layout _ width="80dp"
        android:layout _ height="60dp"
        android:text="7"/>
    <Button
        android:id="@+id/btn8"
        android:layout _ width="80dp"
        android:layout _ height="60dp"
        android:text="8"/>
    <Button
        android:id="@+id/btn9"
        android:layout _ width="80dp"
        android:layout _ height="60dp"
        android:text="9"/>
    <Button
        android:id="@+id/btn _ che"
```

```
        android:layout _ width="80dp"
        android:layout _ height="60dp"
        android:text="*"/>
    <Button
        android:id="@+id/btn4"
        android:layout _ width="80dp"
        android:layout _ height="60dp"
        android:text="4"/>
    <Button
        android:id="@+id/btn5"
        android:layout _ width="80dp"
        android:layout _ height="60dp"
        android:text="5"/>
    <Button
        android:id="@+id/btn6"
        android:layout _ width="80dp"
        android:layout _ height="60dp"
        android:text="6"/>
    <Button
        android:id="@+id/btn _ jih"
        android:layout _ width="80dp"
        android:layout _ height="60dp"
        android:text="-"/>
    <Button
        android:id="@+id/btn1"
        android:layout _ width="80dp"
        android:layout _ height="60dp"
        android:text="1"/>
    <Button
        android:id="@+id/btn2"
        android:layout _ width="80dp"
        android:layout _ height="60dp"
        android:text="2"/>
    <Button
        android:id="@+id/btn3"
        android:layout _ width="80dp"
        android:layout _ height="60dp"
        android:text="3"/>
    <Button
        android:id="@+id/btn _ jah"
```

```
            android:layout _ width="80dp"
            android:layout _ height="60dp"
            android:text="+"/>
        <Button
            android:id="@+id/btn _ yu"
            android:layout _ width="80dp"
            android:layout _ height="60dp"
            android:text="%"/>
        <Button
            android:id="@+id/btn0"
            android:layout _ width="80dp"
            android:layout _ height="60dp"
            android:text="0"/>
        <Button
            android:id="@+id/btn _ dian"
            android:layout _ width="80dp"
            android:layout _ height="60dp"
            android:text="."/>
        <Button
            android:id="@+id/btn _ dy"
            android:layout _ width="80dp"
            android:layout _ height="60dp"
            android:text="="/>
    </GridLayout>
</GridLayout>
```

（2）在控制文件中输入如下代码：

```
    import 省略......
    public class MainActivity extends AppCompatActivity implements View.
OnClickListener {
        private Button mBtn1, mBtn2, mBtn3, mBtn4, mBtn5,
                mBtn6, mBtn7, mBtn8, mBtn9, mBtn0,
                mBtnc, mBtndel, mBtnchu, mBtnche, mBtnjia,
                mBtnjian, mBtndian, mBtndy, mBtnyl;
    private EditText edsrk;
    private TextView edsck;
    private boolean deng _ flag;
    @Override
    protected void onCreate(Bundle savedInstanceState) {
        super.onCreate(savedInstanceState);
```

```
        setContentView(R.layout.activity _ main);
            mBtn1 = findViewById(R.id.btn1);
            mBtn2 = findViewById(R.id.btn2);
            mBtn3 = findViewById(R.id.btn3);
            mBtn4 = findViewById(R.id.btn4);
            mBtn5 = findViewById(R.id.btn5);
            mBtn6 = findViewById(R.id.btn6);
            mBtn7 = findViewById(R.id.btn7);
            mBtn8 = findViewById(R.id.btn8);
            mBtn9 = findViewById(R.id.btn9);
            mBtn0 = findViewById(R.id.btn0);
            mBtnc = findViewById(R.id.btn _ ac);
            mBtndel = findViewById(R.id.btn _ del);
            mBtnchu = findViewById(R.id.btn _ chu);
            mBtnjia = findViewById(R.id.btn _ jah);
            mBtnjian = findViewById(R.id.btn _ jih);
            mBtndian = findViewById(R.id.btn _ dian);
            mBtndy = findViewById(R.id.btn _ dy);
            mBtnyl = findViewById(R.id.btn _ yu);
            mBtnche = findViewById(R.id.btn _ che);
            mBtn1.setOnClickListener(this);
            mBtn2.setOnClickListener(this);
            mBtn3.setOnClickListener(this);
            mBtn4.setOnClickListener(this);
            mBtn5.setOnClickListener(this);
            mBtn6.setOnClickListener(this);
            mBtn7.setOnClickListener(this);
            mBtn8.setOnClickListener(this);
            mBtn9.setOnClickListener(this);
            mBtn0.setOnClickListener(this);
            mBtnc.setOnClickListener(this);
            mBtndel.setOnClickListener(this);
            mBtnchu.setOnClickListener(this);
            mBtnjia.setOnClickListener(this);
            mBtnjian.setOnClickListener(this);
            mBtndian.setOnClickListener(this);
            mBtndy.setOnClickListener(this);
            mBtnyl.setOnClickListener(this);
            mBtnche.setOnClickListener(this);
            edsrk = findViewById(R.id.ed _ srk);
```

```
        edsck = findViewById(R.id.ed_sck);
  }
    public void onClick(View view) {
        String input = edsrk.getText().toString();
        int id = view.getId();
        if (id == R.id.btn1 || id == R.id.btn2 || id == R.id.btn3
                || id == R.id.btn4 || id == R.id.btn5 || id == R.id.btn6
                || id == R.id.btn7 || id == R.id.btn8 || id == R.id.btn9
                || id == R.id.btn0 || id == R.id.btn_dian)
  {
            if (deng_flag) {
                deng_flag = false;
                edsrk.setText(null);
                edsrk.setText(((Button) view).getText());
            } else {
                edsrk.setText(input + ((Button) view).getText());
            }
        } else if (id == R.id.btn_che || id == R.id.btn_jah
                || id == R.id.btn_jih || id == R.id.btn_chu) {
            edsrk.setText(input + " " + ((Button) view).getText() + " ");
        } else if (id == R.id.btn_dy) {//调用下方方法计算结果
            getResult();
        } else if (id == R.id.btn_yu || id == R.id.btn_ac) {
            edsrk.setText(null);
            edsck.setText(null);
        } else if (id == R.id.btn_del) {//先判断是否为空再删除
            if (deng_flag) {
                deng_flag = false;
                edsrk.setText("");
            } else if (input != null && !input.equals("")) {
                edsrk.setText(input.substring(0, input.length() - 1));
            }
        }
  }
    private void getResult() {
        String input = edsrk.getText().toString();
        deng_flag = true;
        double dResult = 0;
        int iResult = 0;
        //截取运算符前面的字符串
```

```
            String s1 = input.substring(0, input.indexOf(" "));
            //截取运算符
              String op = input.substring(input.indexOf(" ") + 1, input.
indexOf(" ") + 2);
            //截取运算符后面的字符串
            String s2 = input.substring(input.indexOf(" ") + 3);
            //将字符串s1、s2转换为数值
            double d1 = Double.parseDouble(s1);
            double d2 = Double.parseDouble(s2);
            //根据输入的运算符号获得计算结果，将结果返回到输出框
            if (op.equals("+")) {
                dResult = d1 + d2;
            } else if (op.equals("-")) {
                dResult = d1 - d2;
            } else if (op.equals("*")) {
                dResult = d1 * d2;
            } else if (op.equals("/")) {
                if (d1 == 0) {
                    dResult = 0;
                } else {
                    dResult = d1 / d2;
                }
            } else {
                edsck.setText(dResult + "");
            }
            //如果输入框数值中含有小数点或者运算符为除号则返回double值
            if (s1.contains(".") || s2.contains(".") || op.equals("/")) {
                edsck.setText(dResult + "");
            } else {
                iResult = (int) dResult;
                edsck.setText(iResult + "");
            }
        }
    }
```

（3）在虚拟机中运行项目。

打开虚拟机界面可以看到图 2-11 所示计算器的运行结果。

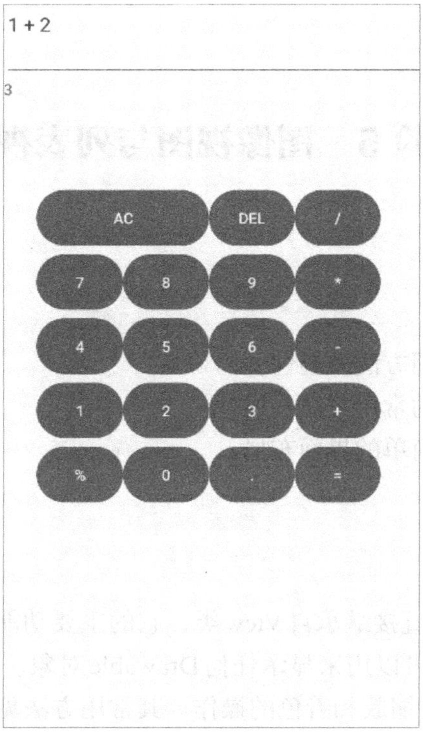

图 2-11　运行结果

实验 5　图像视图与列表视图

一、实验目的

（1）掌握图像视图的常用方法及属性。
（2）掌握简单列表视图的常用方法及属性。
（3）使用布局知识进行简单的界面布局。

二、相关知识

图像视图（ImageView）直接继承自 View类，它的主要功能是显示图片。实际上，它不仅仅可以用来显示图片，还可以用来显示任何Drawable对象。ImageView适用于所有布局，并且Android为其提供了一些缩放和着色的操作。其常用方法见表 2-8。

表 2-8　图像视图常用方法及XML元素

XML属性	对应方法	功能
android:src	setImageResource(int)	设置图像文件的路径
android:maxHeight	setMaxHeight(int)	设置图像文件的最大高度
android:maxWidth	setMaxWidth(int)	设置图像文件的最大宽度
android:srcCompat	对应方法暂无	设置矢量图文件的路径

列表视图（ListView）控件是Android中常用的控件之一，继承自AbsListView，是一个以垂直方式在项目中显示View视图的列表。ListView的数据项来自一个继承了ListAdapter接口的适配器，由适配器提供显示样式和显示数据。在本实验中，仅使用了ListView的简单功能，更复杂的用法请参考第 3 章实验 3。其常用方法见表 2-9。

表 2-9　列表视图常用方法

方法	功能
getAdapter()	获取当前绑定的ListAdapter适配器
setAdapter(ListAdapter)	设置一个ListAdapter适配器到当前ListView中
addHeaderView(View)	设置列表的头部
addFooterView(view)	设置列表的尾部

三、实验内容

（1）创建并运行图像视图项目。
（2）创建并运行列表视图项目。

四、实验步骤

1. 创建图像视图项目

（1）设计界面布局文件，输入如下代码：

```
<?xml version="1.0" encoding="utf-8"?>
<androidx.constraintlayout.widget.ConstraintLayout
xmlns:android="http://schemas.android.com/apk/res/android"
    xmlns:app="http://schemas.android.com/apk/res-auto"
    xmlns:tools="http://schemas.android.com/tools"
    android:layout_width="match_parent"
    android:layout_height="match_parent"
    tools:context=".MainActivity">
    <ImageView
        android:id="@+id/imageView"
        android:layout_width="441dp"
        android:layout_height="400dp"
        app:layout_constraintStart_toStartOf="parent"
        app:layout_constraintTop_toTopOf="parent"
        app:srcCompat="@drawable/cat" />
    <Button
        android:id="@+id/button"
        android:layout_width="wrap_content"
        android:layout_height="wrap_content"
        android:layout_marginStart="84dp"
        android:layout_marginLeft="84dp"
        android:layout_marginTop="88dp"
        android:text="上一张"
        app:layout_constraintStart_toStartOf="parent"
        app:layout_constraintTop_toBottomOf="@+id/imageView" />
    <Button
        android:id="@+id/button2"
        android:layout_width="wrap_content"
        android:layout_height="wrap_content"
```

```
        android:layout _ marginStart="81dp"
        android:layout _ marginLeft="81dp"
        android:layout _ marginTop="88dp"
        android:text="下一张"
        app:layout _ constraintStart _ toEndOf="@+id/button"
        app:layout _ constraintTop _ toBottomOf="@+id/imageView" />
</androidx.constraintlayout.widget.ConstraintLayout>
```

（2）设计控制文件，输入如下代码：

```
import 省略......
public class MainActivity extends AppCompatActivity {
    ImageView imageView;
    Button button,button2;
int [] imageList={R.drawable.cat1,R.drawable.cat2,R.drawable.cat3};
    int index = 0;
    @Override
    protected void onCreate(Bundle savedInstanceState) {
        super.onCreate(savedInstanceState);
        setContentView(R.layout.activity _ main);
        imageView = findViewById(R.id.imageView);
        button = findViewById(R.id.button);
        button2 = findViewById(R.id.button2);
        button.setEnabled(false);
        button.setOnClickListener(new View.OnClickListener() {
            @Override
            public void onClick(View v) {
                index--;
                if(index==0)
                {
                    button.setEnabled(false);
                }
                imageView.setImageResource(imageList[index]);
            }
        });
        button2.setOnClickListener(new View.OnClickListener() {
            @Override
            public void onClick(View v) {
                index++;
                if(index>=0){
                    button.setEnabled(true);
```

```
                    }
                    imageView.setImageResource(imageList[index]);
                }
            });
        }
    }
```

（3）在虚拟机中运行项目。

打开虚拟机界面可以看到图 2-12 所示的运行结果。

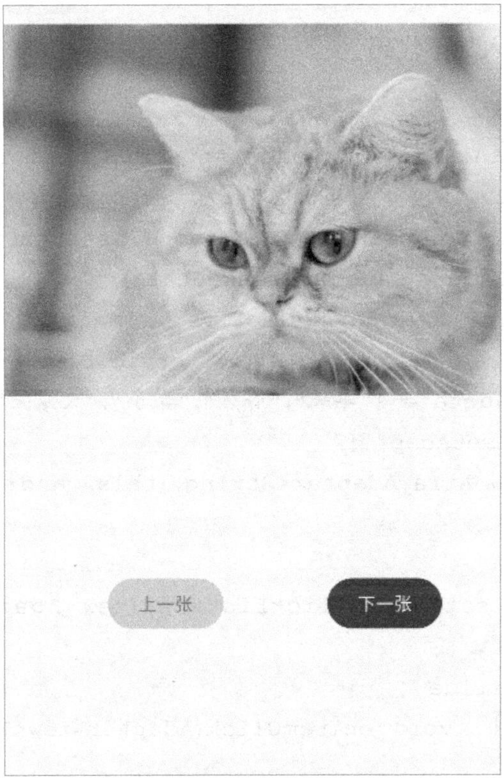

图 2-12 运行结果

2. 创建列表视图项目

（1）设计界面布局文件，完整代码如下所示。

```
<?xml version="1.0" encoding="utf-8"?>
<androidx.constraintlayout.widget.ConstraintLayout
xmlns:android="http://schemas.android.com/apk/res/android"
    xmlns:app="http://schemas.android.com/apk/res-auto"
    xmlns:tools="http://schemas.android.com/tools"
    android:layout_width="match_parent"
    android:layout_height="match_parent"
    tools:context=".MainActivity">
```

```
    <ListView
        android:id="@+id/listview01"
        android:layout_width="wrap_content"
        android:layout_height="wrap_content"
        android:layout_marginStart="1dp"
        android:layout_marginTop="1dp"
        app:layout_constraintStart_toStartOf="parent"
        app:layout_constraintTop_toTopOf="parent" />
</androidx.constraintlayout.widget.ConstraintLayout>
```

（2）在控制文件中输入如下代码：

```
import 省略......
public class MainActivity extends AppCompatActivity {
    ListView listView;
    protected void onCreate(Bundle savedInstanceState) {
        super.onCreate(savedInstanceState);
        setContentView(R.layout.activity_main);
        listView = findViewById(R.id.listview01);
        String []data = {"苹果","香蕉","梨子","火龙果"};
        listView.setAdapter(
              new ArrayAdapter<String>(this, android.R.layout.simple_
list_item_1,data)
        );
        listView.setOnItemClickListener(new AdapterView.OnItemClick
Listener() {
            @Override
            public void onItemClick(AdapterView<?> adapterView, View
view, int i, long l) {
                Toast.makeText(MainActivity.this,
                        "选择的水果是"+data[i],
                        Toast.LENGTH_SHORT).show();
            }
        });
    }
}
```

（3）在虚拟机中运行项目。

打开虚拟机界面可以看到图 2-13 所示的运行结果。

图 2-13　运行结果

第 3 章　Andorid多界面开发

本章概述

在Android中实现多页面设计是非常常见的开发需求，它可以帮助开发者构建更加复杂的应用程序，提供更好的用户体验。所谓多界面开发，可以简单理解为App中有多个Activity，这些Activity相互之间传递数据和进行页面切换，达到实现一个复杂应用的目的。

Android中提供了Intent机制来协助应用间的交互与通信，或者采用更准确的说法，Intent不仅可用于应用程序之间，也可用于应用程序内部的Activity、Service之间的交互。Intent是一种运行时绑定机制，它能在程序运行的过程中连接两个不同的组件。在Android的应用程序中不管是页面切换还是传递数据或者是调用外部程序，都可能要用到Intent。Intent负责对某次操作的动作、动作涉及的数据等进行描述，Android会根据描述的内容选择适当的组件来响应，将Intent传递给调用的组件，并完成组件的调用。可以将Intent理解为连接各种组件的“桥梁”，如图 3-1 所示。

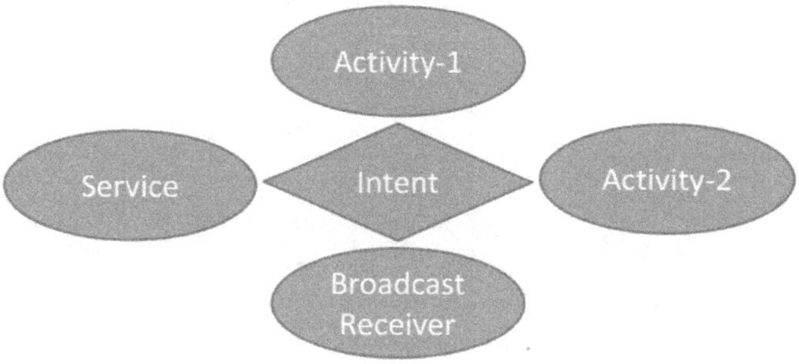

图 3-1　Intent示意图

在Android中，在一个Activity中启动另一个Activity页面是一种最简单也是最常用的页面切换方式，其步骤如下：

（1）创建一个Intent对象，其构造方法如下：

```
Intent intent = new Intent(当前Activity.this,目标Activity.class);
```

（2）调用Activity的startActivity（intent）方法，切换到另一个Activity页面。

实验1　页面切换及数据传递

一、实验目的

（1）掌握多界面创建的步骤。
（2）掌握Intent的使用方法。
（3）掌握页面数据传递的方法。
（4）了解复杂数据传递和接收的基本方法。

二、实验内容

（1）创建并运行多界面项目。
（2）创建并运行多界面数据传递项目。

三、实验步骤

1. 创建MoreActivity项目

（1）设计第1个页面。
①设计布局文件，输入如下代码：

```
<?xml version="1.0" encoding="utf-8"?>
<androidx.constraintlayout.widget.ConstraintLayout
xmlns:android="http://schemas.android.com/apk/res/android"
    xmlns:app="http://schemas.android.com/apk/res-auto"
    xmlns:tools="http://schemas.android.com/tools"
    android:layout_width="match_parent"
    android:layout_height="match_parent"
    tools:context=".MainActivity">
    <Button
        android:id="@+id/button"
        android:layout_width="wrap_content"
        android:layout_height="wrap_content"
        android:layout_marginStart="152dp"
        android:layout_marginTop="84dp"
        android:text="页面跳转"
        app:layout_constraintStart_toStartOf="parent"
```

```
        app:layout _ constraintTop _ toTopOf="parent" />
</androidx.constraintlayout.widget.ConstraintLayout>
```

②设计控制文件，输入如下代码：

```
import 省略......
public class MainActivity extends AppCompatActivity {
    Button but;
    @Override
    protected void onCreate(Bundle savedInstanceState) {
        super.onCreate(savedInstanceState);
        setContentView(R.layout.activity _ main);
        but = findViewById(R.id.button);

        but.setOnClickListener(new View.OnClickListener() {
            @Override
            public void onClick(View view) {
                        Intent intent = new Intent(MainActivity.this,
MainActivity2.class);
                    startActivity(intent);
            }
        });
    }
}
```

（2）设计第 2 个页面。

①创建第 2 个页面的界面和后端控制代码，在包文件夹上单击鼠标右键，在本实验中包文件夹名称为“com.example.moreactivity”，在弹出的右键菜单中选择“New→Activity →Empty Views Activity”，如图 3-2 所示。

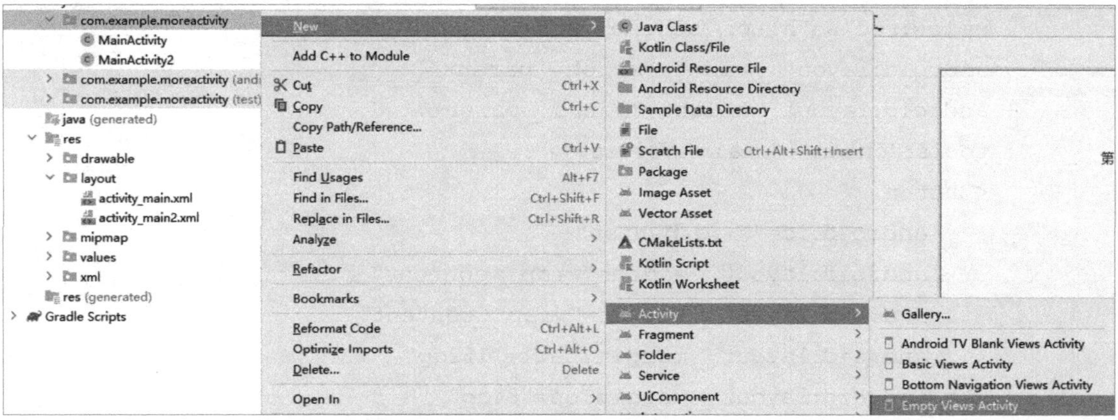

图 3-2　新 Activity 创建

在新打开的面板(图 3-3)中输入Activity名称，在本实验中使用默认名称“MainActivity 2”，然后单击“Finish”按钮，完成创建。

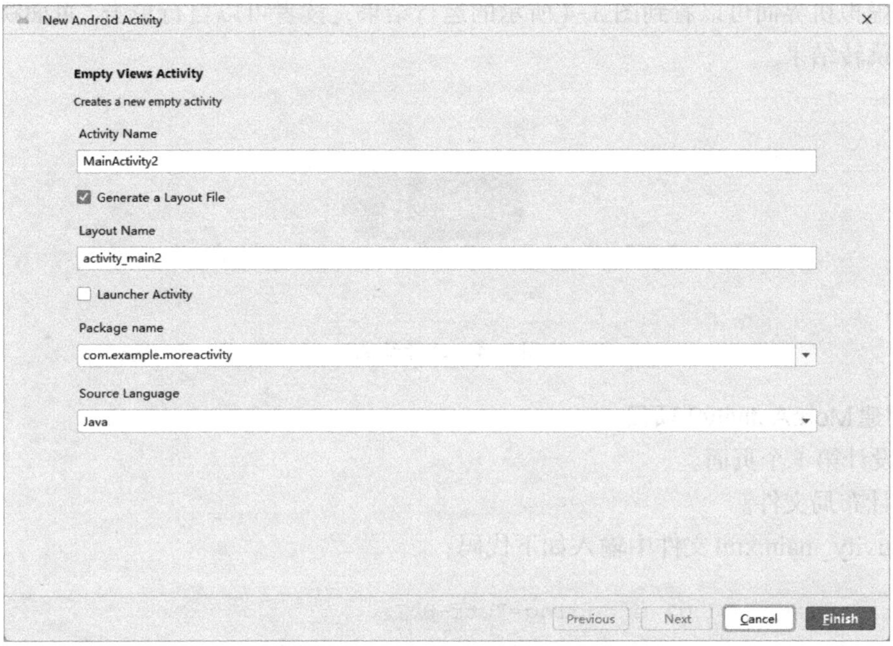

图 3-3　New Android Activity 面板

②设计布局文件。

在activity_main2.xml文件中输入如下代码：

```
<?xml version="1.0" encoding="utf-8"?>
<androidx.constraintlayout.widget.ConstraintLayout
xmlns:android="http://schemas.android.com/apk/res/android"
    xmlns:app="http://schemas.android.com/apk/res-auto"
    xmlns:tools="http://schemas.android.com/tools"
    android:layout_width="match_parent"
    android:layout_height="match_parent"
    tools:context=".MainActivity2">
    <TextView
        android:id="@+id/textView"
        android:layout_width="wrap_content"
        android:layout_height="wrap_content"
        android:layout_marginStart="160dp"
        android:layout_marginTop="79dp"
        android:text="第二个页面"
        app:layout_constraintStart_toStartOf="parent"
        app:layout_constraintTop_toTopOf="parent" />
</androidx.constraintlayout.widget.ConstraintLayout>
```

③控制文件的代码暂时不需要修改。

④在虚拟机中运行项目。

打开虚拟机界面可以看到图 3-4 所示的运行结果，读者可以自行单击“页面跳转”按钮观察页面跳转结果。

图 3-4　运行结果

2. 创建 MoreActivity2 项目

（1）设计第 1 个页面。

①设计布局文件。

在 activity_main.xml 文件中输入如下代码：

```
<?xml version="1.0" encoding="utf-8"?>
<androidx.constraintlayout.widget.ConstraintLayout
xmlns:android="http://schemas.android.com/apk/res/android"
    xmlns:app="http://schemas.android.com/apk/res-auto"
    xmlns:tools="http://schemas.android.com/tools"
    android:layout_width="match_parent"
    android:layout_height="match_parent"
    tools:context=".MainActivity">
    <EditText
        android:id="@+id/editTextText"
        android:layout_width="wrap_content"
        android:layout_height="wrap_content"
        android:layout_marginStart="100dp"
        android:layout_marginTop="69dp"
        android:ems="10"
        android:inputType="text"
        app:layout_constraintStart_toStartOf="parent"
        app:layout_constraintTop_toTopOf="parent" />
    <Button
        android:id="@+id/button"
        android:layout_width="wrap_content"
        android:layout_height="wrap_content"
        android:layout_marginStart="152dp"
        android:layout_marginTop="76dp"
```

```
        android:text="页面跳转"
        app:layout _ constraintStart _ toStartOf="parent"
        app:layout _ constraintTop _ toBottomOf="@+id/editTextText" />
</androidx.constraintlayout.widget.ConstraintLayout>
```

②设计控制文件。

在MainActivity.java文件中输入如下代码：

```
import 省略......
public class MainActivity extends AppCompatActivity {
    Button but;
    EditText editText;
    protected void onCreate(Bundle savedInstanceState) {
        super.onCreate(savedInstanceState);
        setContentView(R.layout.activity _ main);
        editText = findViewById(R.id.editTextText);
        but = findViewById(R.id.button);
        but.setOnClickListener(new View.OnClickListener() {
            public void onClick(View view) {
                String str = editText.getText().toString();
                Bundle bundle = new Bundle();
                bundle.putString("name",str);
                    Intent intent = new Intent(MainActivity.this,
MainActivity2.class);
                intent.putExtras(bundle);
                startActivity(intent);
            }
        });
    }
}
```

（2）设计第2个页面。

①设计布局文件。

在activity_main2.xml文件中，输入如下代码：

```
<?xml version="1.0" encoding="utf-8"?>
<androidx.constraintlayout.widget.ConstraintLayout
xmlns:android="http://schemas.android.com/apk/res/android"
    xmlns:app="http://schemas.android.com/apk/res-auto"
    xmlns:tools="http://schemas.android.com/tools"
    android:layout _ width="match _ parent"
    android:layout _ height="match _ parent"
```

```
        tools:context=".MainActivity2">
        <TextView
            android:id="@+id/textView"
            android:layout_width="wrap_content"
            android:layout_height="wrap_content"
            android:layout_marginStart="176dp"
            android:layout_marginTop="80dp"
            android:text="TextView"
            app:layout_constraintStart_toStartOf="parent"
            app:layout_constraintTop_toTopOf="parent" />
</androidx.constraintlayout.widget.ConstraintLayout>
```

②设计控制文件。

在MainActivity2.java文件中输入如下代码：

```
import 省略......
public class MainActivity2 extends AppCompatActivity {
    TextView textView;
    protected void onCreate(Bundle savedInstanceState) {
        super.onCreate(savedInstanceState);
        setContentView(R.layout.activity_main2);
        textView = findViewById(R.id.textView);
        Bundle bundle = getIntent().getExtras();
        String str = bundle.getString("name");
        textView.setText(str);
    }
}
```

③在虚拟机中运行项目。

打开虚拟机界面可以看到图 3-5 所示的运行结果。

图 3-5　运行结果

实验2　菜单设计

一、实验目的

（1）掌握选项菜单创建及添加菜单项的方法。
（2）掌握上下文菜单创建及添加菜单项的方法。
（3）掌握菜单项的监听方法。

二、相关知识

按下移动设备上的Menu键后会在屏幕底部弹出一个菜单，称为选项菜单。选项菜单需要用到Activity的onCreateOptionsMenu（Menu）方法和onOptionsItemSelected（MenuItem）方法，其实现方法见表3-1。

表3-1　选项菜单的实现方法

方法	功能
onCreateOptionsMenu(Menu)	初始化菜单
onOptionsMenuClosed(Menu)	关闭菜单时调用
onOptionsItemSelected(MenuItem)	菜单项被单击时调用

设计选项菜单需要用到Menu、MenuItem接口，一个Menu对象代表一个菜单，在Menu对象中可以添加MenuItem菜单项，也可以添加SubMenu子菜单项。Menu使用add方法添加一个菜单项，其函数为add（int groupId,int itemId,int order,CharSequence title）。菜单项添加参数见表3-2。

表3-2　菜单项添加参数

参数	作用
groupId	菜单分组的id，一般填写1，如果不分组填写Menu.NONE
itemId	根据id值来区分不同的菜单项
order	菜单项的排列顺序，值越大菜单项越靠后
title	菜单项显示的文字

Android系统中的上下文菜单类似于Windows系统的右键菜单，在为一个视图注册了上下文菜单后，在该视图上长按两秒左右，就会弹出上下文菜单，常见于列表视图中。创建一个上下文菜单的步骤一般如下：

（1）重写Activity的onCreateContextMenu( )方法，调用Menu对象的add方法添加菜

单项。

（2）重写 Activity 的 onCreateItemSelected( ) 方法，响应上下文菜单的选择事件。

（3）调用 Activity 的 registerForContextMenu( ) 方法，为视图注册上下文菜单。

三、实验内容

（1）创建并运行选项菜单项目。

（2）创建并运行上下文菜单项目。

四、实验步骤

1. 创建 optionMenuApplication 项目

（1）设计布局文件，此处暂时不需要修改布局文件。

（2）设计控制文件，输入如下代码：

```
import 省略......
public class MainActivity extends AppCompatActivity {
    @Override
    protected void onCreate(Bundle savedInstanceState) {
        super.onCreate(savedInstanceState);
        setContentView(R.layout.activity _ main);
    }

    @Override
    public boolean onCreateOptionsMenu(Menu menu) {
        super.onCreateOptionsMenu(menu);
        menu.add(1,1,1,"菜单项 1");
        menu.add(1,2,1,"菜单项 2");
        return true;
    }

    @Override
    public boolean onOptionsItemSelected(@NonNull MenuItem item) {
        super.onOptionsItemSelected(item);
        switch (item.getItemId()){
            case 1:
                Toast.makeText(this,"菜单项 1",Toast.LENGTH _ SHORT).show();
                break;
            case 2:
                Toast.makeText(this,"菜单项 2",Toast.LENGTH _ SHORT).show();
```

```
                break;
        }
        return true;
    }
}
```

（3）在虚拟机中运行项目。

打开虚拟机界面可以看到图 3-6 所示的运行结果。

图 3-6　运行结果

2. 创建 contextMenuApplication 项目

（1）设计布局文件，输入如下代码：

```
<?xml version="1.0" encoding="utf-8"?>
<androidx.constraintlayout.widget.ConstraintLayout
xmlns:android="http://schemas.android.com/apk/res/android"
    xmlns:app="http://schemas.android.com/apk/res-auto"
    xmlns:tools="http://schemas.android.com/tools"
    android:layout_width="match_parent"
    android:layout_height="match_parent"
    tools:context=".MainActivity">
    <TextView
        android:id="@+id/textview"
        android:layout_width="wrap_content"
        android:layout_height="wrap_content"
        android:text="Hello World!"
        app:layout_constraintBottom_toBottomOf="parent"
        app:layout_constraintEnd_toEndOf="parent"
        app:layout_constraintStart_toStartOf="parent"
        app:layout_constraintTop_toTopOf="parent" />
</androidx.constraintlayout.widget.ConstraintLayout>
```

（2）设计控制文件，输入如下代码：

```
import 省略......
public class MainActivity extends AppCompatActivity {
    TextView textView;
    @Override
    protected void onCreate(Bundle savedInstanceState) {
```

```
        super.onCreate(savedInstanceState);
        setContentView(R.layout.activity _ main);
        textView = findViewById(R.id.textview);
        registerForContextMenu(textView);
    }
    @Override
    public void onCreateContextMenu(ContextMenu menu, View v,
ContextMenuInfo menuInfo) {
        super.onCreateContextMenu(menu, v, menuInfo);
        menu.add(1,1,1,"添加");
        menu.add(1,2,1,"删除");
    }

    @Override
    public boolean onContextItemSelected(@NonNull MenuItem item) {
        super.onContextItemSelected(item);
        switch (item.getItemId()){
            case 1:
                Toast.makeText(this,"添加",Toast.LENGTH _ SHORT).show();
                break;
            case 2:
                Toast.makeText(this,"删除",Toast.LENGTH _ SHORT).show();
                break;
        }
        return true;
    }
}
```

（3）在虚拟机中运行项目。

打开虚拟机界面可以看到图 3-7 所示的运行结果。

图 3-7 运行结果

实验3　自定义列表

一、实验目的

（1）掌握自定义适配器的编程方法。

（2）掌握自定义界面的编程及调用方法。

（3）掌握数据类的编程及使用方法。

（4）掌握自定义列表的使用方法。

二、相关知识

在本实验中对ListView的界面进行定制，让其内容更加丰富。对ListView界面进行定制需要掌握适配器和自定义布局的概念。

适配器是一个连接数据和AdapterView（ListView就是一个典型的AdapterView）的桥梁，通过它能有效地实现数据与AdapterView的分离设置，使AdapterView与数据的绑定更加简便，修改更加方便。简单来说就是对数据进行一定的处理，以便于在View上显示。

自定义布局的步骤与之前实验中创建一个新的Activity类似，不同的是自定义布局只需要创建前端布局XML文件，不需要创建后端控制文件。将自定义布局加载到ListView中需要使用LayoutInflater的inflate方法。

inflate（int resource, ViewGroup root, boolean attachToRoot）方法有三个参数：第一个参数很好理解，就是将XML布局文件转换为对应的资源ID，一般为R.layout.布局文件名。第二个参数root为根布局，一般理解为XML布局文件中将要存在的外部ViewGroup，一般为parent。第三个参数一般配合root参数使用，代表是否直接添加到第二个参数布局上面，true代表布局文件填充的View会被直接添加进parent，而false则代表创建的View会以其他方式被添加进parent。

创建一个自定义列表的步骤一般如下所示：

（1）创建自定义布局文件，该布局文件包含ListView中每一列需要显示的数据及显示位置。

（2）创建数据类，该类用来存储需要在布局中显示的数据。一般情况下，根据布局文件中需要的数据类型来确定数据类中属性的数据类型，每一个属性需要编写相应的get函数。

（3）创建适配器类。一般需要重写适配器类中的getView函数，在getView函数中完成数据的配置、自定义布局的加载等工作。

（4）在MainActivity中，完成数据准备和ListView的创建等工作。

三、实验内容

（1）创建ListMyView项目。
（2）创建自定义布局文件。
（3）创建数据类。
（4）创建适配器类。
（5）设计布局文件。
（6）设计控制文件。
（7）在虚拟机中运行项目。

四、实验步骤

（1）创建ListMyView项目。

（2）创建自定义布局文件。

①在res/layout上单击鼠标右键，选择“New→Layout Resource File”选项，如图3–8所示，打开“New Resource File”对话框。

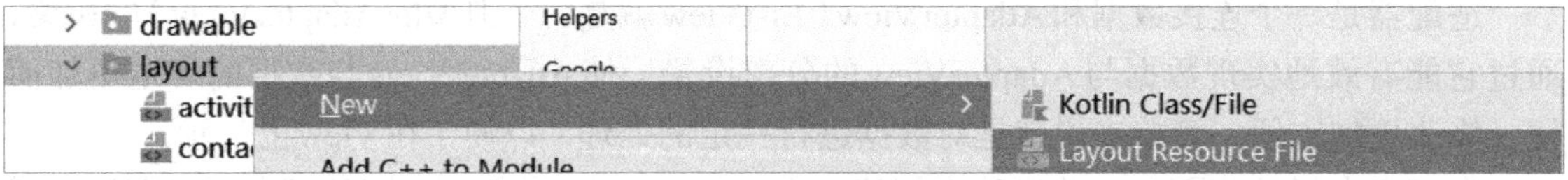

图3–8　创建布局文件

②在“New Resource File”对话框中输入图3–9所示内容，单击“OK”按钮，即在res/layout下创建了一个名为“contacts_layout.xml”的布局文件。

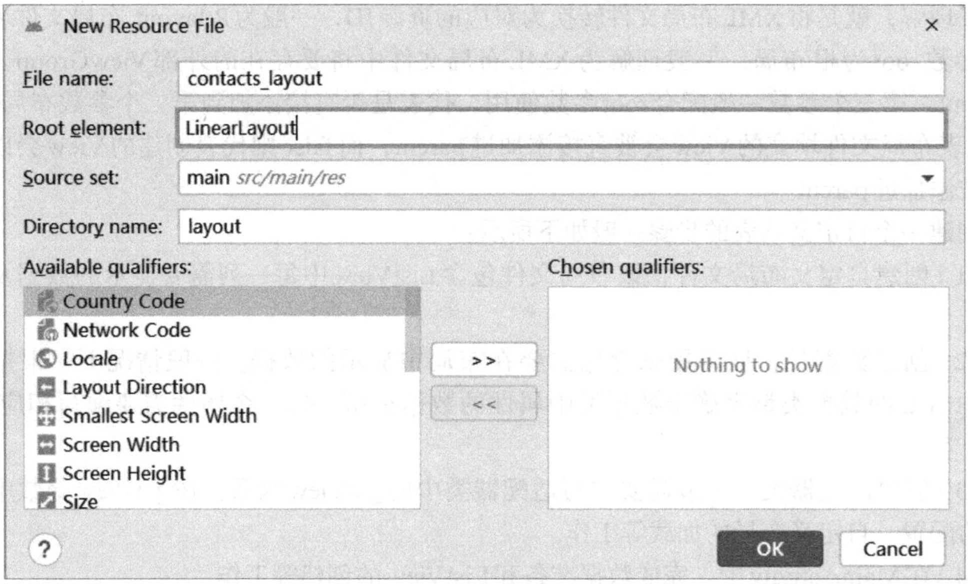

图3–9　“New Resource File”对话框

③打开contacts_layout.xml布局文件，在布局文件中输入如下代码：

```
<?xml version="1.0" encoding="utf-8"?>
<LinearLayout xmlns:android="http://schemas.android.com/apk/res/
android"
    xmlns:app="http://schemas.android.com/apk/res-auto"
    xmlns:tools="http://schemas.android.com/tools"
    android:layout _ width="match _ parent"
    android:layout _ height="wrap _ content"
    android:orientation="horizontal">
    <ImageView
        android:id="@+id/imageView"
        android:layout _ width="50dp"
        android:layout _ height="50dp"
        android:layout _ weight="1"
        tools:srcCompat="@tools:sample/avatars" />
    <LinearLayout
        android:layout _ width="match _ parent"
        android:layout _ height="wrap _ content"
        android:layout _ weight="1"
        android:orientation="vertical">
        <TextView
            android:id="@+id/textView"
            android:layout _ width="match _ parent"
            android:layout _ height="35dp"
            android:gravity="center _ vertical"
            android:text="TextView"
            android:textSize="20sp" />
        <TextView
            android:id="@+id/textView2"
            android:layout _ width="match _ parent"
            android:layout _ height="15dp"
            android:gravity="center _ vertical"
            android:text="TextView"
            android:textSize="10sp" />
    </LinearLayout>
</LinearLayout>
```

（3）创建Contacts类，输入如下代码：

```
public class Contacts {sss
    private int imageID;
```

```
        private String con _ name;
        private String con _ text;
        public int getImageID() {
            return imageID;
        }
        public String getCon _ name() {
            return con _ name;
        }
        public String getCon _ text() {
            return con _ text;
        }
        public Contacts(int imageID, String con _ name, String con _ text) {
            this.imageID = imageID;
            this.con _ name = con _ name;
            this.con _ text = con _ text;
        }
    }
```

（4）创建ContactsAdapter类，输入如下代码：

```
    import 省略......
    public class ContactsAdapter extends ArrayAdapter<Contacts> {

        public ContactsAdapter(Context context, int resource,List<Contacts>
objects) {
            super(context, resource, objects);
        }

        @NonNull
        @Override
        public View getView(int position, View convertView, ViewGroup parent)
    {
            Contacts contacts = getItem(position);
            View view = LayoutInflater.from(getContext())
                .inflate(R.layout.contacts _ layout,parent,false);
            ImageView imageView = view.findViewById(R.id.imageView);
            TextView con _ name = view.findViewById(R.id.textView);
            TextView con _ text = view.findViewById(R.id.textView2);
            imageView.setImageResource(contacts.getImageID());
            con _ name.setText(contacts.getCon _ name());
            con _ text.setText(contacts.getCon _ text());
```

```
        return view;
    }
}
```

（5）设计布局文件，输入如下代码：

```
<?xml version="1.0" encoding="utf-8"?>
<androidx.constraintlayout.widget.ConstraintLayout
xmlns:android="http://schemas.android.com/apk/res/android"
    xmlns:app="http://schemas.android.com/apk/res-auto"
    xmlns:tools="http://schemas.android.com/tools"
    android:layout_width="match_parent"
    android:layout_height="match_parent"
    tools:context=".MainActivity">
    <ListView
        android:id="@+id/listview01"
        android:layout_width="wrap_content"
        android:layout_height="wrap_content"
        android:layout_marginStart="1dp"
        android:layout_marginTop="1dp"
        app:layout_constraintStart_toStartOf="parent"
        app:layout_constraintTop_toTopOf="parent" />
</androidx.constraintlayout.widget.ConstraintLayout>
```

（6）设计控制文件，输入如下代码：

```
import 省略......
public class MainActivity extends AppCompatActivity {
    ListView listView;
    @Override
    protected void onCreate(Bundle savedInstanceState) {
        super.onCreate(savedInstanceState);
        setContentView(R.layout.activity_main);
        listView = findViewById(R.id.listview01);
        List<Contacts> contactsList = new ArrayList<>();
        Contacts t1 = new Contacts(R.drawable.t1,"小张","你好");
        contactsList.add(t1);
        Contacts t2 = new Contacts(R.drawable.t2,"小李","物联网课程学习小组");
        contactsList.add(t2);
        Contacts t3 = new Contacts(R.drawable.t3,"小王","计算机课程组");
        contactsList.add(t3);
        ContactsAdapter adapter = new ContactsAdapter(this,R.layout.
```

```
contacts _ layout, contactsList);
            listView.setAdapter(adapter);
        }
    }
```

（7）在虚拟机中运行项目。

打开虚拟机界面可以看到图 3-10 所示的运行结果。

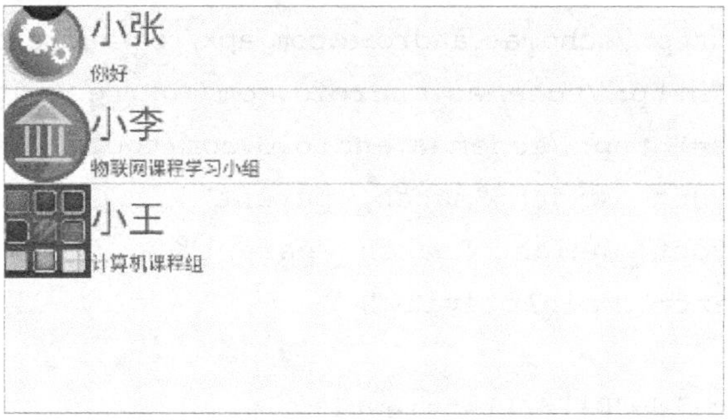

图 3-10　运行结果

第 4 章　Andorid 多媒体开发

实验 1　图形绘制

一、实验目的

（1）掌握画布类的使用方法。
（2）掌握画笔类的使用方法。
（3）掌握几何图形绘制的方法。
（4）掌握自定义组件的使用方法。

二、相关知识

Graphics 类是一个全能的绘图类，提供基本图形绘制方法，主要有画线段、画矩形、画圆、画带颜色的图形、画椭圆、画圆弧、画多边形、画字符串等。下面介绍这些绘图工具类的常用方法和属性。

1. 画布类

Canvas 类是 Android 绘制几何图形的主要工具，就像黑匣子里的一张白纸，它可以提供一系列的 draw××× 函数来完成图像的绘制工作，也可以完成旋转、裁切等操作。其常用方法见表 4-1。

表 4-1　画布类的常用方法

方法	功能
`Canvas()`	创建一个空的画布
`Canvas(Bitmap)`	以 Bitmap 对象为基础创建一个画布，将内容绘制到 Bitmap 上
`drawColor()`	设置画布的颜色
`setBitmap()`	设置具体要绘制的画布
`drawLine(float x1,float y1, float x2,float y2,Paint paint)`	绘制从（x_1，y_1）到（x_2，y_2）的直线

续表

方法	功能
drawCircle(float x,float y,float radius,Paint paint)	以Paint为画笔、(x, y)为圆心、radius为半径画圆
drawRect(float x1,float y1,float x2,float y2,Paint paint)	绘制从左上角(x_1, y_1)到右下角(x_2, y_2)的矩形
drawText(String text,float x,float y,Paint paint)	以左上角(x, y)为顶点绘制文字
drawBitmap(Bitmap bitmap,float x,float y,Paint paint)	以左上角(x, y)为顶点绘制Bitmap图像
drawPath(Path path,Paint paint)	绘制以path为路径的线段

2. 画笔类

Paint类用来定义画笔的颜色和风格，Paint类可以设置绘制的颜色、样式、字体和效果等属性，从而满足各种绘制需求，是一个用于绘制图形和文本的重要类。其常用方法见表4-2。

表4-2 画笔类的常用方法

方法	功能
Paint()	创建一个画笔对象
setColor(int color)	设置画笔颜色
setStrokeWidth(float width)	设置画笔宽度
setTextSize(float textSize)	设置绘制的文字尺寸
setAlpha(int alpha)	设置透明度
setAntiAlias(boolean bool)	值为true时，设置抗锯齿效果
setStyle(Style style)	设置空心或实心图形

3. 路径类

Path类用来描述由多个点组成的线段，在绘制一些由线段组成的图形(例如三角形等)或函数图形时有很大的用处。其常用方法见表4-3。

表4-3 路径类的常用方法

方法	功能
lineTo(float x,float y)	绘制从当前点到(x, y)的线段
moveTo(float x,float y)	将画笔移动到(x, y)
close()	关闭绘制路径

三、实验内容

(1)创建并运行绘图项目。

(2)创建并运行自定义组件项目。

四、实验步骤

1. 创建ImageApplication项目

（1）创建MyImageView类，输入如下代码：

```
import 省略......
public class MyImageView extends View {
    public MyImageView(Context context) {
        super(context);
    }
    @Override
    protected void onDraw(Canvas canvas) {
        super.onDraw(canvas);
        canvas.drawColor(Color.CYAN);
        Paint paint = new Paint();
        paint.setStrokeWidth(3);
        paint.setStyle(Paint.Style.STROKE);
        paint.setColor(Color.BLUE);
        paint.setStyle(Paint.Style.FILL);
        canvas.drawCircle(100,200,30,paint);
        paint.setColor(Color.WHITE);
        canvas.drawCircle(98,193,6,paint);
        Path path = new Path();
        path.moveTo(100,170);
        path.lineTo(70,230);
        path.lineTo(130,230);
        path.close();
        canvas.drawPath(path,paint);
        paint.setTextSize(28);
        paint.setColor(Color.BLUE);
        canvas.drawText("Hello World",30,270,paint);
    }
}
```

（2）设计控制文件，输入如下代码：

```
import 省略......
public class MainActivity extends AppCompatActivity {

    @Override
    protected void onCreate(Bundle savedInstanceState) {
```

```
        super.onCreate(savedInstanceState);
        MyImageView view = new MyImageView(this);
        setContentView(view);
    }
}
```

（3）在虚拟机中运行项目，运行结果如图 4-1 所示。

图 4-1　运行结果

2. 创建 BallApplication 项目

（1）创建Ball类，输入如下代码：

```
import 省略......
public class Ball extends View {
    private int x,y;
    public Ball(Context context) {
        super(context);
    }
    public Ball(Context context, @Nullable AttributeSet attrs) {
        super(context, attrs);
        x = 100;
        y = 100;
    }
    public void setXY(int x,int y) {
        this.x = x;
        this.y = y;
    }    @Override
    protected void onDraw(Canvas canvas) {
        super.onDraw(canvas);
        Paint paint = new Paint();
```

```
            paint.setAntiAlias(true);
            paint.setColor(Color.RED);
            canvas.drawCircle(x,y,30,paint);
        }
    }
```

（2）设计布局文件，输入如下代码：

```
<?xml version="1.0" encoding="utf-8"?>
<androidx.constraintlayout.widget.ConstraintLayout
xmlns:android="http://schemas.android.com/apk/res/android"
    xmlns:app="http://schemas.android.com/apk/res-auto"
    xmlns:tools="http://schemas.android.com/tools"
    android:layout_width="match_parent"
    android:layout_height="match_parent"
    tools:context=".MainActivity">
    <com.example.ballapplication.Ball
        android:id="@+id/Ball"
        android:layout_width="match_parent"
        android:layout_height="300dp"
        app:layout_constraintStart_toStartOf="parent"
        app:layout_constraintTop_toTopOf="parent">
    </com.example.ballapplication.Ball>
    <EditText
        android:id="@+id/editTextText"
        android:layout_width="wrap_content"
        android:layout_height="wrap_content"
        android:layout_marginTop="8dp"
        android:ems="10"
        android:hint="请输入X值"
        android:inputType="text"
        app:layout_constraintEnd_toEndOf="parent"
        app:layout_constraintStart_toStartOf="parent"
        app:layout_constraintTop_toBottomOf="@+id/Ball" />
    <EditText
        android:id="@+id/editTextText2"
        android:layout_width="wrap_content"
        android:layout_height="wrap_content"
        android:layout_marginTop="15dp"
        android:ems="10"
        android:hint="请输入Y值"
```

```
            android:inputType="text"
            app:layout_constraintEnd_toEndOf="parent"
            app:layout_constraintStart_toStartOf="parent"
            app:layout_constraintTop_toBottomOf="@+id/editTextText" />
        <Button
            android:id="@+id/button"
            android:layout_width="wrap_content"
            android:layout_height="wrap_content"
            android:layout_marginTop="23dp"
            android:text="确定"
            app:layout_constraintEnd_toEndOf="parent"
            app:layout_constraintStart_toStartOf="parent"
            app:layout_constraintTop_toBottomOf="@+id/editTextText2" />
    </androidx.constraintlayout.widget.ConstraintLayout>
```

（3）设计控制文件，输入如下代码：

```
    import 省略......
    public class MainActivity extends AppCompatActivity {
        Ball ballView;
        EditText et1,et2;
        Button button;
        @Override
        protected void onCreate(Bundle savedInstanceState) {
            super.onCreate(savedInstanceState);
            setContentView(R.layout.activity_main);
            ballView = findViewById(R.id.Ball);
            et1 = findViewById(R.id.editTextText);
            et2 = findViewById(R.id.editTextText2);
            button = findViewById(R.id.button);
            button.setOnClickListener(new View.OnClickListener() {
                public void onClick(View view) {
                    int x = Integer.parseInt(et1.getText().toString());
                    int y = Integer.parseInt(et2.getText().toString());
                    ballView.setXY(x,y);
                    ballView.invalidate();
                }
            });
            ballView.setOnTouchListener(new View.OnTouchListener() {
                    public boolean onTouch(View view, MotionEvent
motionEvent) {
```

```
                int x = (int)motionEvent.getX();
                int y = (int)motionEvent.getY();
                ballView.setXY(x,y);
                ballView.invalidate();
                return true;
            }
        });
    }
}
```

（4）在虚拟机中运行项目，运行结果如图 4-2 所示。

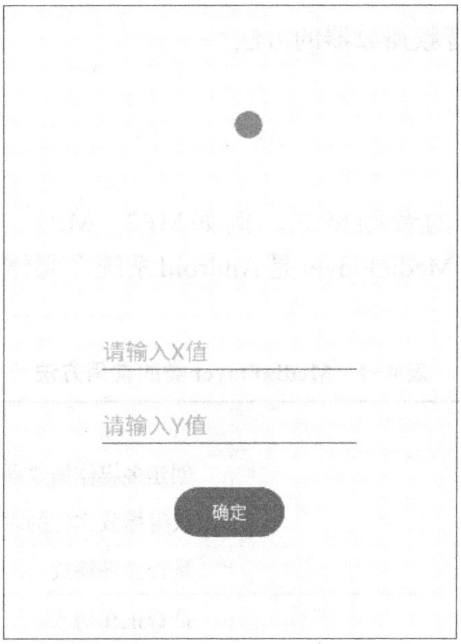

图 4-2 运行结果

实验2　音频播放器

一、实验目的

（1）掌握文件读写权限的设置方法。
（2）掌握MediaPlayer类的使用方法。
（3）掌握音频播放器的设置方法。
（4）掌握使用按钮控制音频播放器的方法。

二、相关知识

Android系统支持常见的音频格式，例如MP3、MP4、WAV等，可以方便地使用MediaPlayer播放音频文件。MediaPlayer是Android系统多媒体android.media包中的类，其常用方法见表4-4。

表4-4　MediaPlayer类的常用方法

方法	功能
create()	创建多媒体播放器
getDuration()	获得播放文件的时间
isLooping()	是否循环播放
isPlaying()	是否正在播放
pause()	暂停
prepare()	进行同步处理，准备播放
prepareAsync()	设置空心或实心图形
seekTo()	指定播放位置
reset()	重置MediaPlayer对象
release()	释放MediaPlayer对象
setDataSource()	设置播放源
setVolume()	设置音量
start()	开始播放
stop()	停止播放

一般情况下，MediaPlayer对象播放音频文件的步骤如下。

1. 创建MediaPlayer对象

（1）使用new()方法创建MediaPlayer对象。

如果播放的文件处于SD卡上，则需要使用new( )方法创建MediaPlayer对象，例如：

```
MediaPlayer player = new MediaPlayer();
```

（2）使用create( )方法创建MediaPlayer对象。

如果播放资源中的音频，一般使用create( )方法创建MediaPlayer对象，例如：

```
MediaPlayer player = MediaPlayer.create(this,R.raw.media);
```

其中R.raw.media是资源ID，由于create( )方法中已经封装了初始化和同步方法，故使用MediaPlayer对象不需要再重复进行初始化及同步操作。

2. 设置播放文件

MediaPlayer的播放文件主要有以下两个来源。

（1）存储在SD卡或网络文件路径下的音频文件。

对于存储在SD卡或网络文件路径下的音频文件，需要调用setDataSource( )方法，例如：

```
player.setDataSource("/sdcard/m1.mp3");
```

或

```
player.setDataSource("http://www.×××.cn/m1.mp3");
```

（2）播放资源中的音频。

对于事先存储在资源文件中的音乐文件，需要在创建时使用create( )方法，由于create( )方法已经封装了调用方法，因此不需要进行设置。

3. 同步播放器

（1）使用prepare( )方法同步播放器。

使用new( )方法创建的MediaPlayer对象需要使用prepare( )方法同步播放器，例如：

```
player.prepare();
```

（2）使用create( )方法创建MediaPlayer对象。

对于使用create( )方法创建的MediaPlayer对象，由于create( )方法已经封装了同步方法，因此不需要进行同步。

4. 播放音频文件

使用start( )方法播放音频文件，例如：

```
player.start();
```

使用pause( )方法暂停音频播放，例如：

```
player.pause();
```

使用stop( )方法停止音频播放，例如：

```
player.stop();
```

5. 释放资源

在音频文件结束播放时，应该调用release( )释放播放器占用的资源，例如：

```
player.release();
```

在释放后，如果要重新播放音频文件，需要调用reset( )返回到空闲状态，再从步骤 2 开始重复其他步骤。

三、实验内容

（1）创建项目。
（2）将音频文件存储到虚拟机中。
（3）设置文件读写权限。
（4）设计布局文件。
（5）设计控制文件。
（6）在虚拟机中运行项目。

四、实验步骤

（1）创建MediaApplication项目。
（2）将音频文件存储到虚拟机中。

将m1.mp3 复制到虚拟机指定路径下的步骤如下：

①单击 Android Studio 工具栏的“Device Manager”按钮，启动 AVD 窗口，如图 4-3 所示。

图 4-3 “Device Manger”按钮

②在打开的 AVD 窗口中，单击文件夹图标，打开设备浏览器窗口，如图 4-4 所示。

图 4-4 设备浏览器窗口

③在设备浏览器窗口中，选择相应的文件路径，将文件上传到该路径下。在本实验中，将文件存储到“sdcard/Download”中，故而在“Download”上单击鼠标右键，在弹出菜单中选择“Upload”，如图 4-5 所示。然后在文件选择窗口中选择文件上传即可。

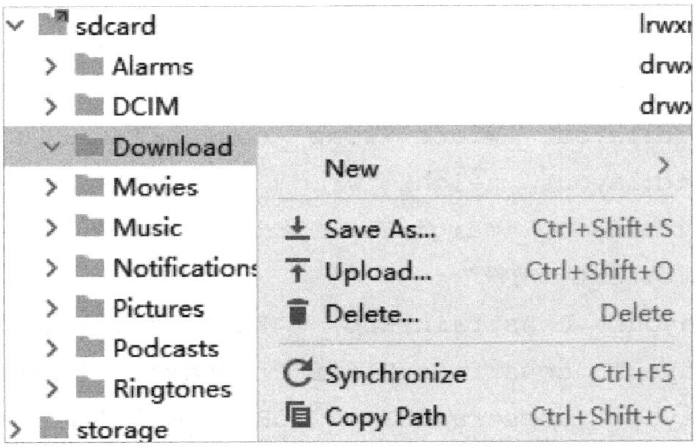

图 4-5　“Upload”

（3）设置文件读写权限。

在 AndroidManifest.xml 中添加如下代码：

```
<uses-permission
        android:name="android.permission.READ_EXTERNAL_STORAGE">
</uses-permission>
<uses-permission
        android:name="android.permission.WRITE_EXTERNAL_STORAGE">
</uses-permission>
```

（4）设计布局文件，输入如下代码：

```
<?xml version="1.0" encoding="utf-8"?>
<androidx.constraintlayout.widget.ConstraintLayout
xmlns:android="http://schemas.android.com/apk/res/android"
    xmlns:app="http://schemas.android.com/apk/res-auto"
    xmlns:tools="http://schemas.android.com/tools"
    android:layout_width="match_parent"
    android:layout_height="match_parent"
    tools:context=".MainActivity">
    <Button
        android:id="@+id/button"
        android:layout_width="wrap_content"
        android:layout_height="wrap_content"
        android:layout_marginTop="28dp"
        android:text="播放"
        app:layout_constraintEnd_toEndOf="parent"
        app:layout_constraintHorizontal_bias="0.501"
        app:layout_constraintStart_toStartOf="parent"
        app:layout_constraintTop_toTopOf="parent" />
```

```
    <Button
        android:id="@+id/button2"
        android:layout_width="wrap_content"
        android:layout_height="wrap_content"
        android:layout_marginTop="28dp"
        android:text="暂停"
        app:layout_constraintEnd_toEndOf="parent"
        app:layout_constraintStart_toStartOf="parent"
        app:layout_constraintTop_toBottomOf="@+id/button" />
    <Button
        android:id="@+id/button3"
        android:layout_width="wrap_content"
        android:layout_height="wrap_content"
        android:layout_marginTop="28dp"
        android:text="停止"
        app:layout_constraintEnd_toEndOf="parent"
        app:layout_constraintStart_toStartOf="parent"
        app:layout_constraintTop_toBottomOf="@+id/button2" />
</androidx.constraintlayout.widget.ConstraintLayout>
```

（5）设计控制文件，输入如下代码：

```
import 省略......
public class MainActivity extends AppCompatActivity {
    Button button,button1,button2;
    MediaPlayer mediaPlayer;
    String music_file;
    @Override
    protected void onCreate(Bundle savedInstanceState) {
        super.onCreate(savedInstanceState);
        setContentView(R.layout.activity_main);
        button = findViewById(R.id.button);
        button1 = findViewById(R.id.button2);
        button2 = findViewById(R.id.button3);
        music_file = "/sdcard/Download/m1.mp3";
        button.setOnClickListener(new View.OnClickListener() {
            @Override
            public void onClick(View view) {
                    mediaPlayer = new MediaPlayer();
                try {
                    mediaPlayer.setDataSource(music_file);
```

```
                mediaPlayer.prepare();
                mediaPlayer.start();
            } catch (IOException e) {
                throw new RuntimeException(e);
            }
        }
    });
    button1.setOnClickListener(new View.OnClickListener() {
        @Override
        public void onClick(View view) {
            mediaPlayer.pause();
        }
    });
    button2.setOnClickListener(new View.OnClickListener() {
        @Override
        public void onClick(View view) {
            mediaPlayer.stop();
        }
    });
  }
}
```

（6）在虚拟机中运行项目，运行结果如图 4-6 所示。

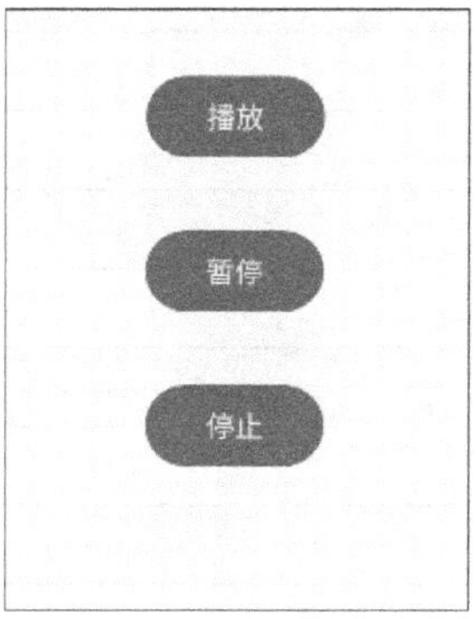

图 4-6 运行结果

实验 3　VideoView播放器

一、实验目的

（1）掌握文件读写权限的设置方法。

（2）掌握VideoView类的使用方法。

（3）掌握视频播放器的设置方法。

二、相关知识

Android应用程序播放视频有三种方式：

（1）使用MediaPlayer播放视频。这种方式只能播放文件扩展名为“.3gp”的视频文件并且视频播放需要SurfaceView组件的支持，故而现在应用较少。

（2）使用VideoView播放视频。VideoView类属于andorid.widget包，支持MP4、AVI等常见的视频格式，可以从不同的来源读取图像，计算和调整视频画面尺寸以让其使用任何布局管理器。其常用方法见表4-5。

表 4-5　VideoView类的常用方法

方法	功能
`VideoView(Context)`	创建一个默认属性的VideoView对象
`canPause()`	是否能够暂停
`getBufferPercentage()`	获得缓冲区的百分比
`isPlaying()`	是否正在播放
`onTouchEvent(MotionEvent)`	处理触摸屏事件
`setVideoPath(String)`	设置视频文件的路径名
`setVideoURI(Uri)`	设置视频文件统一资源标识符
`seekTo()`	指定播放位置
`setMediaController(MediaController)`	设置媒体控制器
`setOnCompletionListener(OnCompletionListener)`	设置视频播放完毕后的回调函数
`start()`	开始播放
`stopPlayback()`	停止回放视频文件

（3）使用ExoPlayer播放视频。ExoPlayer是Google开源的一个应用级的音视频播放器，它采用易于自定义和扩展的设计，支持基于HTTP的动态自适应流（DASH）、SmoothStreaming和通用加密。

三、实验内容

（1）创建项目。
（2）将视频文件存储到虚拟机中。
（3）设置文件读写权限。
（4）设计布局文件。
（5）设计控制文件。
（6）在虚拟机中运行项目。

四、实验步骤

（1）创建VideoApplication项目。
（2）将视频文件存储到虚拟机中。
将v2.mp4复制到虚拟机的指定路径下。具体步骤可以参考本章实验2。
（3）设置文件读写权限。
在AndroidManifest.xml中添加如下代码：

```
<uses-permission
        android:name="android.permission.READ_EXTERNAL_STORAGE">
</uses-permission>
<uses-permission
        android:name="android.permission.WRITE_EXTERNAL_STORAGE">
</uses-permission>
```

（4）设计布局文件，输入如下代码：

```
<?xml version="1.0" encoding="utf-8"?>
<androidx.constraintlayout.widget.ConstraintLayout
xmlns:android="http://schemas.android.com/apk/res/android"
    xmlns:app="http://schemas.android.com/apk/res-auto"
    xmlns:tools="http://schemas.android.com/tools"
    android:layout_width="match_parent"
    android:layout_height="match_parent"
    tools:context=".MainActivity">

    <VideoView
        android:id="@+id/videoview"
        android:layout_width="match_parent"
        android:layout_height="wrap_content"
        app:layout_constraintEnd_toEndOf="parent"
```

```
        app:layout _ constraintStart _ toStartOf="parent"
        app:layout _ constraintTop _ toTopOf="parent">
    </VideoView>
</androidx.constraintlayout.widget.ConstraintLayout>
```

（5）设计控制文件，输入如下代码：

```
import 省略......
public class MainActivity extends AppCompatActivity {
    VideoView videoView;
    MediaController mediaController;
    @Override
    protected void onCreate(Bundle savedInstanceState) {
        super.onCreate(savedInstanceState);
        setContentView(R.layout.activity _ main);
        videoView = findViewById(R.id.videoview);
        mediaController = new MediaController(this);
        String path = "/sdcard/Download/v2.mp4";
        videoView.setVideoPath(path);
        videoView.setMediaController(mediaController);
        mediaController.setMediaPlayer(videoView);
        videoView.start();
    }
}
```

（6）在虚拟机中运行项目，可以看到图 4-7 所示结果。

图 4-7 运行结果

实验4　ExoPlayer播放器

一、实验目的

（1）掌握文件读写权限的设置方法。
（2）掌握ExoPlayer类的使用方法。
（3）掌握视频播放器的设置方法。

二、实验内容

（1）创建项目。
（2）将视频文件存储到虚拟机中。
（3）添加依赖项。
（4）设置文件读写权限。
（5）设计布局文件。
（6）设计控制文件。
（7）在虚拟机中运行项目。

三、实验步骤

（1）创建ExoPlayerApplication项目。
（2）将视频文件存储到虚拟机中。
将v2.mp4复制到虚拟机的指定路径下。具体步骤可以参考本章实验2。
（3）添加依赖项。
打开build.gradle.kts(Module:app)，在dependencies中添加如下ExoPlayer依赖项：

```
implementation("com.google.android.exoplayer:exoplayer:2.15.1")
implementation("com.google.android.exoplayer:exoplayer-ui:2.15.1")
```

修改后的build.gradle.kts代码如下：

```
plugins {
    id("com.android.application")
}
android {
    namespace = "com.example.exoplayerapplication"
```

```
        compileSdk = 33
        defaultConfig {
            applicationId = "com.example.exoplayerapplication"
            minSdk = 28
            targetSdk = 33
            versionCode = 1
            versionName = "1.0"
            testInstrumentationRunner = "androidx.test.runner.Android
JUnitRunner"
        }
        buildTypes {
            release {
                isMinifyEnabled = false
                  proguardFiles(getDefaultProguardFile("proguard-android-
optimize.txt"), "proguard-rules.pro")
            }
        }
        compileOptions {
            sourceCompatibility = JavaVersion.VERSION_1_8
            targetCompatibility = JavaVersion.VERSION_1_8
        }
    }
    dependencies {
        implementation("androidx.appcompat:appcompat:1.6.1")
        implementation("com.google.android.material:material:1.8.0")
        implementation("androidx.constraintlayout:constraintlayout:2.1.4")
        testImplementation("junit:junit:4.13.2")
        androidTestImplementation("androidx.test.ext:junit:1.1.5")
        androidTestImplementation("androidx.test.espresso:espresso-core:
3.5.1")
        implementation("com.google.android.exoplayer:exoplayer:2.15.1")
        implementation("com.google.android.exoplayer:exoplayer-ui:2.15.1")
    }
```

然后单击 Android Studio 右上角的 “Sync Now” 按钮进行依赖性下载，等待下载完成。

（4）设置文件读写权限。

在 AndroidManifest.xml 中添加如下代码：

```
    <uses-permission
            android:name="android.permission.READ_EXTERNAL_STORAGE">
    </uses-permission>
```

```
<uses-permission
        android:name="android.permission.WRITE_EXTERNAL_STORAGE">
</uses-permission>
<uses-permission
        android:name="android.permission.INTERNET">
</uses-permission>
```

（5）设计布局文件，输入如下代码：

```
<?xml version="1.0" encoding="utf-8"?>
<RelativeLayout xmlns:android="http://schemas.android.com/apk/res/
android"
    android:layout_width="match_parent"
    android:layout_height="match_parent"
    android:orientation="vertical">
    <com.google.android.exoplayer2.ui.PlayerView
        android:id="@+id/player_view"
        android:layout_width="match_parent"
        android:layout_height="wrap_content" />
    <Button
        android:id="@+id/btn_zoom"
        android:layout_width="wrap_content"
        android:layout_height="wrap_content"
        android:layout_alignParentBottom="true"
        android:layout_alignParentRight="true"
        android:layout_margin="16dp"
        android:backgroundTint="@color/white"
        android:text="Full Screen"
        android:textColor="@color/black"
        android:visibility="visible"
        android:onClick="onFullscreenButtonClick"/>
</RelativeLayout>
```

（6）设计控制文件，输入如下代码：

```
import 省略......
public class MainActivity extends AppCompatActivity {
    private SimpleExoPlayer mPlayer;
    private PlayerView mPlayerView;
    private Button mBtnZoom;
    private boolean isFullscreen = false;
    @Override
```

```
    protected void onCreate(Bundle savedInstanceState) {
        super.onCreate(savedInstanceState);
        setContentView(R.layout.activity _ main);
        mPlayerView = findViewById(R.id.player _ view);
        mBtnZoom = findViewById(R.id.btn _ zoom);
        mPlayer = new SimpleExoPlayer.Builder(this).build();
        mPlayerView.setPlayer(mPlayer);
        String videoUrl = "https://v2.kwaicdn.com/t1.mp4";
        String videoUrl2 = "https://v2.kwaicdn.com/t2.mp4";
        MediaItem mediaItem = MediaItem.fromUri(videoUrl);
        MediaItem mediaItem2 = MediaItem.fromUri(videoUrl2);
        mPlayer.setMediaItem(mediaItem);
        mPlayer.prepare();
        mBtnZoom.setOnClickListener(new View.OnClickListener() {
            @Override
            public void onClick(View view) {
                toggleFullscreen();
            }
        });
        mPlayerView.setOnTouchListener(new View.OnTouchListener() {
            private GestureDetector gestureDetector
                    = new GestureDetector(MainActivity.this,
                      new GestureDetector.SimpleOnGestureListener() {
                          @Override
                          public boolean onDoubleTap(MotionEvent e) {
                              toggleFullscreen();
                              return super.onDoubleTap(e);
                          }
                      });
            @Override
            public boolean onTouch(View view, MotionEvent motionEvent) {
                gestureDetector.onTouchEvent(motionEvent);
                return true;
            }
        });
    }

//视频放大缩小方法
    private void toggleFullscreen() {
        if (isFullscreen) {
```

```
                setRequestedOrientation(ActivityInfo.SCREEN_
ORIENTATION_PORTRAIT);
                getWindow().clearFlags(WindowManager.LayoutParams.FLAG_
FULLSCREEN);
                mPlayerView.setResizeMode(AspectRatioFrameLayout.RESIZE_
MODE_FIT);
                getSupportActionBar().show();
            } else {
                setRequestedOrientation(ActivityInfo.SCREEN_
ORIENTATION_LANDSCAPE);
                getWindow().addFlags(WindowManager.LayoutParams.FLAG_
FULLSCREEN);
                mPlayerView.setResizeMode(AspectRatioFrameLayout.RESIZE_
MODE_FILL);
                getSupportActionBar().hide();
            }
            isFullscreen = !isFullscreen;
    }
    //以下是生命周期函数
        @Override
        protected void onStart() {
            super.onStart();
            mPlayerView.onResume();
        }

        @Override
        protected void onStop() {
            super.onStop();
            mPlayerView.onPause();
        }

        @Override
        protected void onDestroy() {
            super.onDestroy();
            mPlayer.release();
        }
    @Override
        protected void onResume() {
            super.onResume();
              getWindow().addFlags(WindowManager.LayoutParams.FLAG_KEEP_
```

```
SCREEN _ ON);
        }
        @Override
        protected void onPause() {
            super.onPause();
    getWindow().clearFlags(WindowManager.LayoutParams.FLAG _ KEEP _
SCREEN _ ON);
        }
    }
```

（7）在虚拟机中运行项目，可以看到图 4-8 所示结果。

图 4-8　运行结果

实验5 简易照相机

一、实验目的

（1）掌握摄像头权限的设置方法。
（2）掌握使用摄像头服务调用摄像头的方法。
（3）掌握照片文件的存储方法。

二、相关知识

Android系统使用android.hardware包中的Camera类可以获取当前设备中的照相机服务接口，从而实现照相机的拍照功能。其常用方法见表4-6。

表4-6 Camera类的常用方法

方法	功能
open()	创建一个摄像头对象
getParameters()	获取设置摄像头参数的对象
getBufferPercentage()	获得缓冲区的百分比
startPreview()	启动照片预览
stopPreview()	结束照片预览
setPreviewDisplay(SurfaceHolder)	设置照片预览
release()	断开摄像头设备连接并释放资源

编写拍照程序的一般步骤：
（1）创建Camera对象。

```
Camera camera = Camera.open();
```

（2）设置参数。

```
parameters = camera.getParameters();
```

（3）对照片进行预览。
一般通过调用startPreview( )方法和stopPreview( )方法，启动或结束对照片的预览。
（4）拍照。
使用takePicture( )方法可以异步进行拍照。
（5）停止拍照。

通过release( )方法可以断开与摄像头设备的连接，并释放与该接口有关的资源。

三、实验内容

（1）创建项目。
（2）设置文件读写权限。
（3）设计布局文件。
（4）设计控制文件。
（5）在虚拟机中运行项目。

四、实验步骤

（1）创建CameraApplication项目。
（2）设置文件读写权限。
在AndroidManifest.xml中添加如下代码：

```
<uses-permission
        android:name="android.permission.READ_EXTERNAL_STORAGE">
</uses-permission>
<uses-permission
        android:name="android.permission.WRITE_EXTERNAL_STORAGE">
</uses-permission>
<uses-permission
        android:name="android.permission.CAMERA">
</uses-permission>
```

（3）设计布局文件，输入如下代码。

```
<?xml version="1.0" encoding="utf-8"?>
<LinearLayout xmlns:android="http://schemas.android.com/apk/res/
android"
    android:layout_width="match_parent"
    android:layout_height="match_parent"
    android:orientation="vertical">

    <ImageView
        android:id="@+id/img_show"
        android:layout_width="match_parent"
        android:layout_height="wrap_content"
        android:layout_weight="1" />
```

```
    <Button
        android:id="@+id/btn _ start"
        android:layout _ width="match _ parent"
        android:layout _ height="wrap _ content"
        android:text="调用系统照相机" />

</LinearLayout>
```

（4）设计控制文件，输入如下代码：

```
import 省略......
public class MainActivity extends AppCompatActivity {
    private ImageView img _ show;
    private Button btn _ start;
    private File currentImageFile = null;
    @Override
    protected void onCreate(Bundle savedInstanceState) {
        super.onCreate(savedInstanceState);
        setContentView(R.layout.activity _ main);
        bindViews();
    }
    private void bindViews() {
        img _ show = (ImageView) findViewById(R.id.img _ show);
        btn _ start = (Button) findViewById(R.id.btn _ start);
        btn _ start.setOnClickListener(new View.OnClickListener() {
            @Override
            public void onClick(View v) {
                File dir = new
                        File(Environment.getExternalStorageDirectory
(),"pictures");
                if(dir.exists()){
                    dir.mkdirs();
                }
                currentImageFile = new File(dir,System.currentTimeMillis()
+ ".jpg");
                if(!currentImageFile.exists()){
                    try {
                        currentImageFile.createNewFile();
                    } catch (IOException e) {
                        e.printStackTrace();
                    }
```

```
                    }
                    Intent it = new Intent(MediaStore.ACTION_IMAGE_CAPTURE);
                    it.putExtra(MediaStore.EXTRA_OUTPUT, Uri.fromFile(currentImageFile));
                    startActivityForResult(it, Activity.DEFAULT_KEYS_DIALER);
                }
            });
        }
        @Override
        protected void onActivityResult(int requestCode, int resultCode, Intent data) {
            super.onActivityResult(requestCode, resultCode, data);
            if (requestCode == Activity.DEFAULT_KEYS_DIALER) {
                img_show.setImageURI(Uri.fromFile(currentImageFile));
            }
        }
    }
```

（5）在虚拟机中运行项目，可以看到图 4-9 所示结果。

图 4-9　运行结果

实验6　带预览功能的照相机

一、实验目的

（1）掌握摄像头权限的设置方法。
（2）掌握使用摄像头服务调用摄像头的方法。
（3）掌握照片文件的存储方法。

二、实验内容

（1）创建项目。
（2）设置文件读写权限。
（3）设计布局文件。
（4）设计控制文件。
（5）创建预览控制类。
（6）在虚拟机中运行项目。

三、实验步骤

（1）创建CameraApplication2项目。
（2）设置文件读写权限。
在AndroidManifest.xml中添加如下代码：

```
<uses-permission
        android:name="android.permission.READ_EXTERNAL_STORAGE">
</uses-permission>
<uses-permission
        android:name="android.permission.WRITE_EXTERNAL_STORAGE">
</uses-permission>
<uses-permission
        android:name="android.permission.CAMERA">
</uses-permission>
```

（3）设计布局文件，输入如下代码：

```
<?xml version="1.0" encoding="utf-8"?>
<LinearLayout xmlns:android="http://schemas.android.com/apk/res/
android"
```

```
    android:layout_width="match_parent"
    android:layout_height="match_parent"
    android:orientation="vertical">
    <SurfaceView
        android:id="@+id/sfv_preview"
        android:layout_width="match_parent"
        android:layout_height="wrap_content"
        android:layout_weight="1" />
    <Button
        android:id="@+id/btn_take"
        android:layout_width="match_parent"
        android:layout_height="wrap_content"
        android:text="调用系统照相机" />
</LinearLayout>
```

（4）设计控制文件，输入如下代码：

```
import 省略......
public class MainActivity extends AppCompatActivity {
    private SurfaceView sfv_preview;
    private Button btn_take;
    private Camera camera = null;
    private SurfaceHolder.Callback cpHolderCallback = new Surface
Holder.Callback() {
        @Override
        public void surfaceCreated(SurfaceHolder holder) {
            startPreview();
        }
        @Override
        public void surfaceChanged(SurfaceHolder holder, int format,
int width, int height) {
        }
        @Override
        public void surfaceDestroyed(SurfaceHolder holder) {
            stopPreview();
        }
    };
    @Override
    protected void onCreate(Bundle savedInstanceState) {
        super.onCreate(savedInstanceState);
        setContentView(R.layout.activity_main);
        bindViews();
    }
    private void bindViews() {
        sfv_preview = (SurfaceView) findViewById(R.id.sfv_preview);
```

```
        btn _ take = (Button) findViewById(R.id.btn _ take);
        sfv _ preview.getHolder().addCallback(cpHolderCallback);
        btn _ take.setOnClickListener(new View.OnClickListener() {
            @Override
            public void onClick(View v) {
                camera.takePicture(null, null, new Camera.PictureCallback() {
                    @Override
                    public void onPictureTaken(byte[] data, Camera camera) {
                        String path = "";
                        if ((path = saveFile(data)) != null) {
                            Intent it = new Intent(MainActivity.this,
PreviewActivity.class);
                            it.putExtra("path", path);
                            startActivity(it);
                        } else {
                             Toast.makeText(MainActivity.this, "保存照
片失败",
    Toast.LENGTH _ SHORT).show();
                        }
                    }
                });
            }
        });
    }
    private String saveFile(byte[] bytes){
        try {
            File file = File.createTempFile("img","");
            FileOutputStream fos = new FileOutputStream(file);
            fos.write(bytes);
            fos.flush();
                fos.close();
                return file.getAbsolutePath();
            } catch (IOException e) {
                e.printStackTrace();
            }
            return "";
        }
        //开始预览
        private void startPreview(){
            camera = Camera.open();
            try {
                camera.setPreviewDisplay(sfv _ preview.getHolder());
                camera.setDisplayOrientation(90);    //让相机旋转 90°
                camera.startPreview();
```

```
            } catch (IOException e) {
                e.printStackTrace();
            }
        }
        //停止预览
        private void stopPreview() {
            camera.stopPreview();
            camera.release();
            camera = null;
        }
    }
```

（5）创建PreviewActivity类，输入如下代码：

```
    import 省略......
    public class PreviewActivity extends AppCompatActivity {
        @Override
        public void onCreate(Bundle savedInstanceState) {
            super.onCreate(savedInstanceState);
            ImageView img = new ImageView(this);
            String path = getIntent().getStringExtra("path");
            if(path != null){
                img.setImageURI(Uri.fromFile(new File(path)));
            }
            setContentView(img);
        }
    }
```

（6）在虚拟机中运行项目，可以看到图 4-10 所示结果。

图 4-10　运行结果

第 5 章　后台服务与广播机制

实验 1　Service 后台服务

一、实验目的

（1）掌握Service的创建方法。

（2）掌握Service子类的编程方法。

（3）掌握Service的启动和结束方法。

二、相关知识

Service类似于Activity，但是Service没有用户界面，也不能自己启动，其主要作用是提供后台服务，是一种长生命周期、没有可视化界面、运行于后台的服务程序。通常，Service用于实现一些只需要在后台运行而不需要界面的功能，例如网络下载、音乐播放等。其常用方法见表 5-1。

表 5-1　Service的常用方法

方法	功能
onCreate()	创建一个后台服务对象
onStartCommand(Intent,int,int)	启动后台服务
onDestory()	销毁后台服务

一个Service只能创建和销毁一次，当第一次启动Service时，先后调用了onCreate( )方法和onStartCommand( )方法；当停止Service时，则执行onDestroy( )方法。这里需要注意的是，如果Service已经启动了，那么再次启动Service时，不会执行onCreate( )方法，而是直接执行onStartCommand( )方法。

Service程序的编写步骤大致如下：

（1）创建Service的子类，一般需要重载onBind( )、onCreate( )、onStartCommand( )、 onDestroy( )方法。

（2）在需要启动和控制Service的位置创建Intent对象，建立与Service的联系，然后使用startService( )方法启动服务，在需要关闭该服务时调用stopService( )方法。

三、实验内容

（1）创建项目。

（2）设置文件读写权限。

（3）创建并编写Service子类。

（4）设计布局文件。

（5）设计控制文件。

（6）在虚拟机中运行项目。

四、实验步骤

（1）创建ServiceApplication项目。

（2）创建Service子类。

与创建新的Activity过程类似，在项目文件上单击鼠标右键，选择“New→Service→Service”，打开“New Android Component”对话框，如图5-1所示。

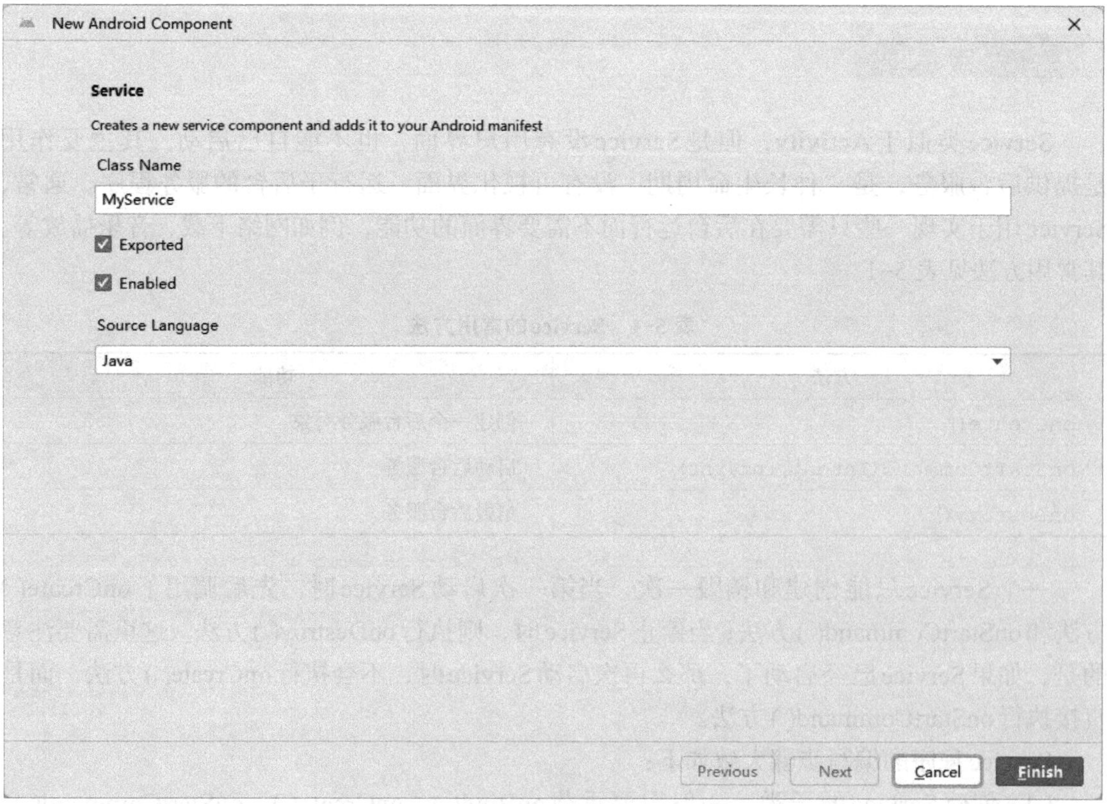

图 5-1 “New Android Component”对话框

在图 5-1 所示的对话框内输入Service子类名称或保持默认，单击“Finish”按钮即可完成Service子类的创建。

（3）编写Service子类，代码如下：

```
import 省略......
public class MyService extends Service {
    public MyService() {
    }
    @Override
    public IBinder onBind(Intent intent) {
        // TODO: Return the communication channel to the service.
        throw new UnsupportedOperationException("Not yet implemented");
    }
    @Override
    public void onCreate() {     //创建
        super.onCreate();
        Toast.makeText(this,"创建Service",Toast.LENGTH_SHORT).show();
    }
    @Override
    public int onStartCommand(Intent intent, int flags, int startId) {
//运行
        super.onStartCommand(intent, flags, startId);
        Toast.makeText(this,"运行Service",Toast.LENGTH_SHORT).show();
        return START_STICKY;
    }

    @Override
    public void onDestroy() {    //销毁
        super.onDestroy();
        Toast.makeText(this,"销毁Service",Toast.LENGTH_SHORT).show();
    }
}
```

（4）设计布局文件，输入如下代码：

```
<?xml version="1.0" encoding="utf-8"?>
<androidx.constraintlayout.widget.ConstraintLayout
xmlns:android="http://schemas.android.com/apk/res/android"
    xmlns:app="http://schemas.android.com/apk/res-auto"
    xmlns:tools="http://schemas.android.com/tools"
    android:layout_width="match_parent"
```

```
    android:layout_height="match_parent"
    tools:context=".MainActivity">

    <Button
        android:id="@+id/button"
        android:layout_width="wrap_content"
        android:layout_height="wrap_content"
        android:layout_marginStart="135dp"
        android:layout_marginTop="50dp"
        android:text="启动Service"
        app:layout_constraintStart_toStartOf="parent"
        app:layout_constraintTop_toTopOf="parent" />

    <Button
        android:id="@+id/button2"
        android:layout_width="wrap_content"
        android:layout_height="wrap_content"
        android:layout_marginStart="135dp"
        android:layout_marginTop="38dp"
        android:text="关闭Service"
        app:layout_constraintStart_toStartOf="parent"
        app:layout_constraintTop_toBottomOf="@+id/button" />

</androidx.constraintlayout.widget.ConstraintLayout>
```

（5）设计控制文件，输入如下代码：

```
import 省略......
public class MainActivity extends AppCompatActivity {
    Button button1,button2;
    Intent intent;
    @Override
    protected void onCreate(Bundle savedInstanceState) {
        super.onCreate(savedInstanceState);
        setContentView(R.layout.activity_main);
        button1 = findViewById(R.id.button);
        button2 = findViewById(R.id.button2);
        intent = new Intent(MainActivity.this,MyService.class);
        button1.setOnClickListener(new View.OnClickListener() {
            @Override
            public void onClick(View view) {
```

```
                startService(intent);
            }
        });
        button2.setOnClickListener(new View.OnClickListener() {
            @Override
            public void onClick(View view) {
                stopService(intent);
            }
        });
    }
}
```

（6）在虚拟机中运行项目，可以看到图 5-2 所示结果。

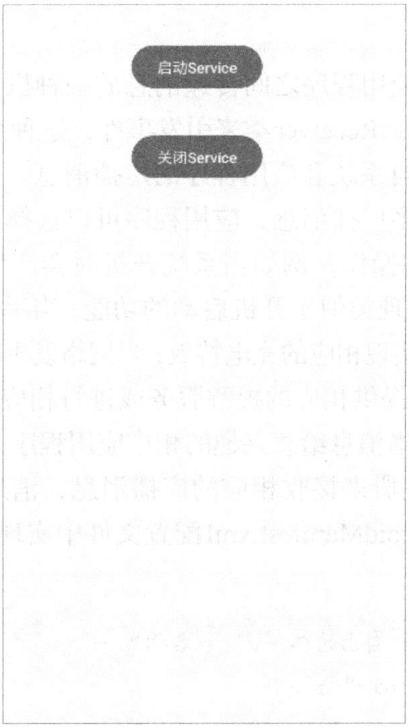

图 5-2　运行结果

实验 2　广播机制

一、实验目的

（1）掌握广播消息的注册方法。
（2）掌握广播发送机制的编程方法。
（3）掌握广播接收机制的编程方法。

二、相关知识

广播机制是Android系统应用程序之间传递消息的一种机制，当系统之间需要传递某些消息时，系统通过调用BroadcastReceiver类来引发事件，这种系统调用机制就称为广播机制。BroadcastReceiver用来接收来自系统和应用程序的广播消息。

在Android系统中存在很多广播消息，应用程序可以选择接收或不接收某种消息，也可以对感兴题的消息进行相应的操作，例如当系统开机时会产生一条广播消息，接收到这条广播消息的应用程序就可以实现类似于开机启动的功能；当手机充电时也会产生一条广播消息，系统接收到该消息就可以实现相应的充电特效；当网络发生改变时也会产生一条广播消息，接收到该消息的应用程序可以提供相应的提醒服务或进行相应的操作调整等。同样，应用程序也可以选择自己发送某类广播消息给感兴趣的相应应用程序，完成跨应用程序的调用。

广播机制需要通过消息注册来接收相应的广播消息，消息注册一般分为静态注册和动态注册。静态注册需要在AndroidManifest.xml配置文件中实现，一般需要加入如下代码：

```
<service
        android:name="自己的Service名称"
        android:enabled="true"
        android:exported="true">
        <intent-filter>
              <action android:name="消息名称"/>
        </intent-filter>
</service>
```

在Android 8.0以后，删除了消息静态注册，为了防止App关闭后，由App创建的广播对象仍然占据内存造成内存泄漏，推荐使用动态注册。动态注册需要创建IntentFilter对象，然后调用IntentFilter对象的addAction（String）方法完成消息注册，推荐使用包名作为消息名称。

广播机制一般分为接收机制和发送机制。

实现广播接收机制的步骤：

（1）注册消息。

（2）编写一个继承BroadcastReceiver类的子类。在该子类中重写onReceive( )方法。

实现广播发送机制的步骤：

（1）创建Intent对象，通过调用setAction( )方法设置Intent对象的action属性，这个属性是接收广播数据的标志，只有注册了相同action属性的接收器才能接收广播数据。

（2）编写广播消息，将需要的消息封装到Intent对象中，通过sendBroadcast( )方法将Intent广播出去。

三、实验内容

（1）创建项目。

（2）创建消息字符类。

（3）创建Service子类。

（4）设计布局文件。

（5）设计控制文件。

（6）创建一个Service用于广播发送。

（7）在虚拟机中运行项目。

四、实验步骤

（1）创建BroadcastApplication项目。

（2）创建DataList类，输入如下代码：

```
    public class DataList {
    public static String MY _ ACTION = "com.example.broadcast _ wlw.my _
action";
    }
```

（3）创建MyBroadcastRecivity类，输入如下代码：

```
    import 省略......
    public class MyBroadcastRecivity extends BroadcastReceiver {
        @Override
        public void onReceive(Context context, Intent intent) {
            if(intent==null)
                return;
            String action = intent.getAction();
            if(action.equals(DataList.MY _ ACTION)){
                String name = intent.getStringExtra("key");
                MainActivity.textView.setText(name);
```

```
        }
    }
}
```

（4）设计布局文件，输入如下代码：

```
<?xml version="1.0" encoding="utf-8"?>
<androidx.constraintlayout.widget.ConstraintLayout
xmlns:android="http://schemas.android.com/apk/res/android"
    xmlns:app="http://schemas.android.com/apk/res-auto"
    xmlns:tools="http://schemas.android.com/tools"
    android:layout_width="match_parent"
    android:layout_height="match_parent"
    tools:context=".MainActivity">

    <TextView
        android:id="@+id/textview"
        android:layout_width="wrap_content"
        android:layout_height="wrap_content"
        android:text="Hello World!"
        app:layout_constraintBottom_toBottomOf="parent"
        app:layout_constraintEnd_toEndOf="parent"
        app:layout_constraintStart_toStartOf="parent"
        app:layout_constraintTop_toTopOf="parent"
        app:layout_constraintVertical_bias="0.053" />

<Button
        android:id="@+id/button"
        android:layout_width="wrap_content"
        android:layout_height="wrap_content"
        android:layout_marginStart="144dp"
        android:layout_marginTop="68dp"
        android:text="启动Service"
        app:layout_constraintStart_toStartOf="parent"
        app:layout_constraintTop_toBottomOf="@+id/textview" />
</androidx.constraintlayout.widget.ConstraintLayout>
```

（5）设计控制文件，输入如下代码：

```
import 省略......
public class MainActivity extends AppCompatActivity {
    Button button;
```

```
        public static TextView textView;
        @Override
        protected void onCreate(Bundle savedInstanceState) {
            super.onCreate(savedInstanceState);
            setContentView(R.layout.activity _ main);
            textView = findViewById(R.id.textview);
            button = findViewById(R.id.button);
            IntentFilter intentFilter = new IntentFilter();
            intentFilter.addAction(DataList.MY _ ACTION);
            MyBroadcastRecivity broadcastRecivity = new MyBroadcast
Recivity();
            registerReceiver(broadcastRecivity,intentFilter);
            button.setOnClickListener(new View.OnClickListener() {
                @Override
                public void onClick(View view) {
                    Intent intent = new Intent(MainActivity.this,MyService.
class);
                    startService(intent);
                }
            });
        }
    }
```

（6）创建MyService类用于广播发送，输入如下代码：

```
    import 省略......
    public class MyService extends Service {
        public MyService() {
        }

        @Override
        public IBinder onBind(Intent intent) {
            // TODO: Return the communication channel to the service.
              throw new UnsupportedOperationException("Not yet
implemented");
        }

        public void onCreate() {      //创建
            super.onCreate();
        }
```

```
    @Override
    public int onStartCommand(Intent intent, int flags, int startId) {
//运行
        super.onStartCommand(intent, flags, startId);
        Intent intent1 = new Intent();
        intent1.setAction(DataList.MY_ACTION);
        intent1.putExtra("key","凤凰传奇");
        sendBroadcast(intent1);
        return START_STICKY;
    }

    @Override
    public void onDestroy() {    //销毁
        super.onDestroy();
        Toast.makeText(this,"销毁Service",Toast.LENGTH_SHORT).show();
    }
  }
```

（7）在虚拟机中运行项目，可以看到图 5-3 所示结果。

图 5-3　运行结果

第 6 章　系统功能和系统服务

实验 1　打电话和发短信

一、实验目的

（1）掌握 Intent 调用系统功能的方法。
（2）掌握启动拨号的编程方法。
（3）掌握短信发送的编程方法。

二、实验内容

（1）创建项目。
（2）设置文件读写权限。
（3）设计布局文件。
（4）设计控制文件。
（5）在虚拟机中运行项目。

三、实验步骤

（1）创建 Dial_sendToApplication 项目。
（2）设置文件读写权限。
在 AndroidManifest.xml 中添加如下代码：

```
<uses-permission
        android:name="android.permission.INTERNET">
</uses-permission>
```

（3）设计布局文件，输入如下代码：

```
<?xml version="1.0" encoding="utf-8"?>
<androidx.constraintlayout.widget.ConstraintLayout
xmlns:android="http://schemas.android.com/apk/res/android"
    xmlns:app="http://schemas.android.com/apk/res-auto"
    xmlns:tools="http://schemas.android.com/tools"
    android:layout_width="match_parent"
    android:layout_height="match_parent"
    tools:context=".MainActivity">
    <Button
        android:id="@+id/button"
        android:layout_width="wrap_content"
        android:layout_height="wrap_content"
        android:layout_marginTop="51dp"
        android:text="启动拨号功能"
        app:layout_constraintEnd_toEndOf="parent"
        app:layout_constraintStart_toStartOf="parent"
        app:layout_constraintTop_toTopOf="parent" />
    <Button
        android:id="@+id/button2"
        android:layout_width="wrap_content"
        android:layout_height="wrap_content"
        android:layout_marginTop="21dp"
        android:text="启动短信功能"
        app:layout_constraintEnd_toEndOf="parent"
        app:layout_constraintStart_toStartOf="parent"
        app:layout_constraintTop_toBottomOf="@+id/button" />
</androidx.constraintlayout.widget.ConstraintLayout>
```

（4）设计控制文件，输入如下代码：

```
import 省略......
public class MainActivity extends AppCompatActivity {
    Button but1,but2;
    @Override
    protected void onCreate(Bundle savedInstanceState) {
        super.onCreate(savedInstanceState);
        setContentView(R.layout.activity_main);
        but1 = findViewById(R.id.button);
        but2 = findViewById(R.id.button2);
        but1.setOnClickListener(new View.OnClickListener() {
```

```
        @Override
        public void onClick(View view) {
            Uri uri = Uri.parse("tel"+"12300004567");
            Intent it = new Intent(Intent.ACTION _ DIAL,uri);
            startActivity(it);
        }
    });
    but2.setOnClickListener(new View.OnClickListener() {
        @Override
        public void onClick(View view) {
            Uri uri = Uri.parse("smsto"+"12300004567");
            Intent it = new Intent(Intent.ACTION _ SENDTO,uri);
            it.putExtra("sms _ body","Hello");
            startActivity(it);
        }
    });}}
```

（5）在虚拟机中运行项目，运行结果如图 6-1 所示。

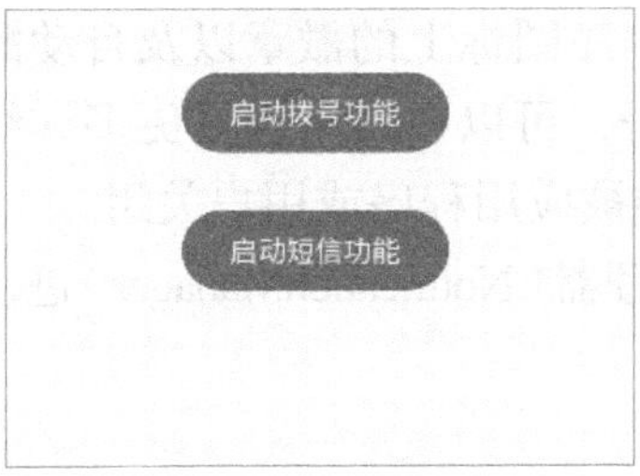

图 6-1　运行结果

实验 2　系统通知服务

一、实验目的

（1）掌握通知管理器的使用方法。
（2）掌握通知消息发送的编程方法。
（3）掌握构造器的编程方法。

二、相关知识

通知是Android在应用程序之外显示的消息，用于向用户提供提醒服务、来自其他人的通信或应用程序的其他即时信息（例如新闻通知、来电等），用户可以点击通知打开应用或直接在通知中执行操作。通知以不同的位置和格式向用户显示，例如状态栏中的图标、通知抽屉中更详细的条目、应用程序图标上的徽章以及自动配对的可穿戴设备。用户可以在状态栏向下滑动以打开通知抽屉，可以在其中查看更多详细信息并根据通知执行操作。通知在通知抽屉中保持可见，直到被应用程序或用户关闭。

系统通知服务由系统通知管理器（NotificationManager）进行管理及发布，NotificationManager的创建方法如下：

```
    NotificationManager manager =
        (NotificationManager) getSystemService(Context.NOTIFICATION_
SERVICE)
```

一般创建通知服务的步骤：
（1）创建NotificationManager对象。
（2）通过PendingIntent对象指定点击通知后要启动的界面。
（3）通过NotificationCompat类的构造器方法创建通知消息的界面。
（4）通过步骤（1）创建的NotificationManager的notify( )方法启动通知。

三、实验内容

（1）创建项目。
（2）设计布局文件。
（3）将图片资源导入资源文件中。
（4）设计控制文件。
（5）在虚拟机中运行项目。

四、实验步骤

（1）创建NotificationApplication项目。

（2）设计布局文件，输入如下代码：

```
<?xml version="1.0" encoding="utf-8"?>
<androidx.constraintlayout.widget.ConstraintLayout
xmlns:android="http://schemas.android.com/apk/res/android"
    xmlns:app="http://schemas.android.com/apk/res-auto"
    xmlns:tools="http://schemas.android.com/tools"
    android:layout_width="match_parent"
    android:layout_height="match_parent"
    tools:context=".MainActivity">
    <Button
        android:id="@+id/button"
        android:layout_width="wrap_content"
        android:layout_height="wrap_content"
        android:layout_marginStart="160dp"
        android:layout_marginTop="79dp"
        android:text="发送通知"
        app:layout_constraintStart_toStartOf="parent"
        app:layout_constraintTop_toTopOf="parent" />
    <Button
        android:id="@+id/button2"
        android:layout_width="wrap_content"
        android:layout_height="wrap_content"
        android:layout_marginStart="165dp"
        android:layout_marginTop="51dp"
        android:text="取消通知"
        app:layout_constraintStart_toStartOf="parent"
        app:layout_constraintTop_toBottomOf="@+id/button" />
</androidx.constraintlayout.widget.ConstraintLayout>
```

（3）将图片资源导入资源文件中。

将img2.jpg复制到res/drawable资源文件下，如图 6-2 所示。

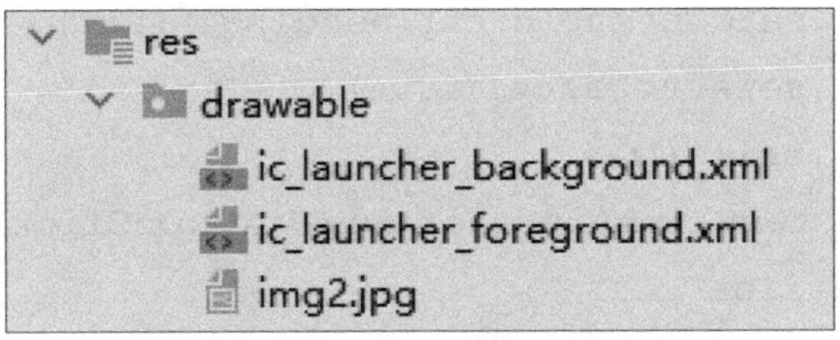

图 6-2　导入图片资源

（4）设计控制文件，输入如下代码：

```
import 省略......
public class MainActivity extends AppCompatActivity {
    Button button,button1;
    NotificationManager manager;
    Notification notification;
    PendingIntent pendingIntent;

    @Override
    protected void onCreate(Bundle savedInstanceState) {
        super.onCreate(savedInstanceState);
        setContentView(R.layout.activity_main);
        button = findViewById(R.id.button);
        button1 = findViewById(R.id.button2);
        manager = (NotificationManager)
                getSystemService(Context.NOTIFICATION_SERVICE);
        Intent intent = new Intent(this,MainActivity.class);
        pendingIntent = PendingIntent.getActivity(this,
                0,
                intent,
                PendingIntent.FLAG_UPDATE_CURRENT);
        if(Build.VERSION.SDK_INT>=Build.VERSION_CODES.O){
                NotificationChannel channel = new NotificationChannel
("123","通知测试",
                    NotificationManager.IMPORTANCE_HIGH);
            manager.createNotificationChannel(channel);
        }
        notification = new NotificationCompat.Builder(this,"123")
                .setContentTitle("通知")
                .setContentText("通知消息")
                .setSmallIcon(R.drawable.ic_launcher_foreground)
                .setLargeIcon(BitmapFactory.decodeResource(
                        getResources(),
                        R.drawable.img2))
                .setContentIntent(pendingIntent)
                .setAutoCancel(true)
                .build();
        button.setOnClickListener(new View.OnClickListener() {
            @Override
            public void onClick(View view) {
```

```
                manager.notify(0,notification);
            }
        });
        button1.setOnClickListener(new View.OnClickListener() {
            @Override
            public void onClick(View view) {
                manager.cancel(0);
            }
        });
    }
}
```

（5）在虚拟机中运行项目。

在虚拟机中运行项目可以看到图 6-3（a）所示界面，单击“发送通知”按钮，向下拉动消息抽屉可以看到图 6-3（b）所示界面。

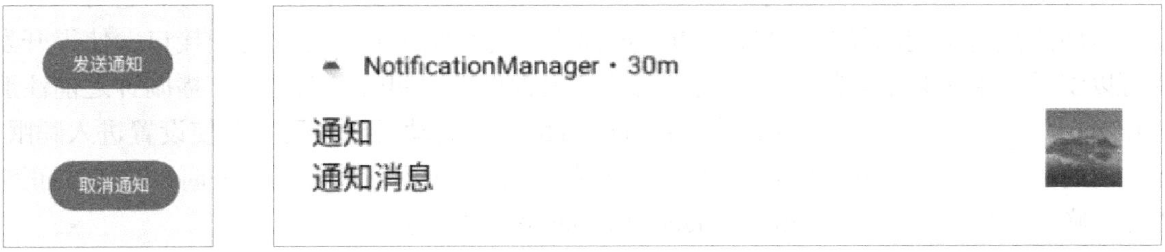

（a）　　　　（b）

图 6-3　运行结果

实验 3　闹钟服务

一、实验目的

(1)掌握定时服务管理器的使用方法。
(2)掌握定时器的使用方法。
(3)掌握定时服务的编程方法。

二、相关知识

在Android系统应用程序中，有些任务需要在特定的时间或者特定的时间间隔内完成，例如闹钟提醒、定时更新数据等。AlarmManager是一个非常重要的系统服务，它可以在特定的时间点执行指定的任务。AlarmManger提供了对系统定时服务的访问接口，使得开发者可以安排在未来某个时间运行应用。当达到闹钟设定时间时，系统会广播闹钟之前注册的Intent。如果此时应用还没有启动，系统会帮助自动启动目标应用。即使设置进入睡眠，已注册的闹钟也具有唤醒CPU的功能，可以保证每次需要执行特定的任务时CPU都能正常工作。唤醒CPU的功能是AlarmManager和Timer最大的区别。

一般创建定时服务的步骤：

(1)获取AlarmManager管理器对象，可以使用如下代码：

```
AlarmManager alarmManager =
            (AlarmManager) getSystemService(Context.ALARM_SERVICE);
```

(2)通过PendingIntent对象指定点击通知后要启动的界面。

(3)设置AlarmManager。设置AlarmManager需要确定三个参数：第一个参数表示AlarmManager的类型；第二个参数表示任务执行的时间或者时间间隔；第三个参数表示要执行的PendingIntent。例如，可以通过如下代码来设置一个在系统启动5秒钟后执行的AlarmManager：

```
alarmManager.set(
            AlarmManager.RTC_WAKEUP,
            System.currentTimeMillis() + 5000,
            pendingIntent);
```

(4)取消AlarmManager。在适当的时候需要取消一个已经设置的AlarmManager，可以使用如下代码：

```
alarmManager.cancel(pendingIntent);
```

三、实验内容

（1）创建项目。
（2）设计主启动界面。
（3）设计闹钟调用界面。
（4）在虚拟机中运行项目。

四、实验步骤

（1）创建AlarmManagerTest项目。
（2）设计主启动界面。
①设计布局文件，输入如下代码：

```
<?xml version="1.0" encoding="utf-8"?>
<androidx.constraintlayout.widget.ConstraintLayout
xmlns:android="http://schemas.android.com/apk/res/android"
    xmlns:app="http://schemas.android.com/apk/res-auto"
    xmlns:tools="http://schemas.android.com/tools"
    android:layout_width="match_parent"
    android:layout_height="match_parent"
    tools:context=".MainActivity">
    <TimePicker
        android:id="@+id/timepiacker"
        android:layout_width="match_parent"
        android:layout_height="wrap_content"
        android:timePickerMode="spinner"
        app:layout_constraintStart_toStartOf="parent"
        app:layout_constraintTop_toTopOf="parent" />
    <Button
        android:id="@+id/button"
        android:layout_width="wrap_content"
        android:layout_height="wrap_content"
        android:layout_marginTop="30dp"
        android:text="设置闹钟"
        app:layout_constraintEnd_toEndOf="parent"
        app:layout_constraintStart_toStartOf="parent"
        app:layout_constraintTop_toBottomOf="@+id/timepiacker"/>
</androidx.constraintlayout.widget.ConstraintLayout>
```

②设计控制文件，输入如下代码：

```
import 省略......
public class MainActivity extends AppCompatActivity {
    TimePicker timePicker;
    Button button;
    AlarmManager alarmManager;
    @Override
    protected void onCreate(Bundle savedInstanceState) {
        super.onCreate(savedInstanceState);
        setContentView(R.layout.activity_main);
        timePicker = findViewById(R.id.timepiacker);
        button = findViewById(R.id.button);
        Intent intent = new Intent(this, MainActivity2.class);
        PendingIntent pendingIntent = PendingIntent.getActivity(this,
                0,
                intent,
                PendingIntent.FLAG_UPDATE_CURRENT);

        alarmManager = (AlarmManager) getSystemService(Context.ALARM_
SERVICE);
        timePicker.setIs24HourView(true);
        Calendar c = Calendar.getInstance();
        button.setOnClickListener(new View.OnClickListener() {
            @Override
            public void onClick(View view) {
                Calendar calendar = Calendar.getInstance();
                calendar.set(Calendar.HOUR_OF_DAY,timePicker.getHour());
                calendar.set(Calendar.MINUTE,timePicker.getMinute());
                calendar.set(Calendar.SECOND,0);
                alarmManager.set(
                        AlarmManager.RTC_WAKEUP,
                        calendar.getTimeInMillis(),
                        pendingIntent);
            }
        });
    }
}
```

（3）设计闹钟调用界面。

①设计布局文件，输入如下代码：

```
<?xml version="1.0" encoding="utf-8"?>
<androidx.constraintlayout.widget.ConstraintLayout
xmlns:android="http://schemas.android.com/apk/res/android"
    xmlns:app="http://schemas.android.com/apk/res-auto"
    xmlns:tools="http://schemas.android.com/tools"
    android:layout_width="match_parent"
    android:layout_height="match_parent"
    tools:context=".MainActivity2">

    <TextView
        android:layout_width="wrap_content"
        android:layout_height="wrap_content"
        android:layout_marginStart="164dp"
        android:layout_marginTop="4dp"
        android:text="起床了"
        app:layout_constraintStart_toStartOf="parent"
        app:layout_constraintTop_toTopOf="parent"></TextView>
</androidx.constraintlayout.widget.ConstraintLayout>
```

②设计控制文件，输入如下代码：

```
import 省略......
public class MainActivity2 extends AppCompatActivity {

    @Override
    protected void onCreate(Bundle savedInstanceState) {
        super.onCreate(savedInstanceState);
        setContentView(R.layout.activity_main2);
    }
}
```

（4）在虚拟机中运行项目，运行结果如图 6-4 所示。

图 6-4　运行结果

第7章 Android网络开发

实验1 Socket通信

一、实验目的

（1）掌握Socket的使用方法。

（2）掌握用户权限的申请方法。

（3）掌握服务器端与客户端连接的基本方法。

（4）了解服务器端程序的编写过程。

二、相关知识

Socket，又称套接字，在程序内部提供了与外界通信的端口，即端口通信。通过建立Socket连接，可为通信双方的数据传输提供通道。Socket的主要特点有数据丢失率低、使用简单且易于移植。

Socket本质上就是Java封装了传输层上的TCP。要实现Socket传输，需要构建客户端和服务器端。另外，传输的数据可以是字符串和字节。字符串传输主要用于简单的应用，比较复杂的应用往往需要构建自己的应用层规则，并用字节来传输。使用Socket可以将应用程序添加到网络中，与处于同一网络中的其他应用程序进行通信。简单来说，Socket提供了程序内部与外界通信的端口，并为通信双方提供了数据传输通道。根据不同的底层协议，Socket的实现是多样化的，在本书中，重点介绍TCP/IP协议族的内容。

基于TCP的Socket传输需要创建服务器端和客户端，步骤一般如下：

（1）服务器端首先声明一个ServerSocket对象并指定端口号，然后调用ServerSocket的accept( )方法接收客户端的数据。accept( )方法在没有数据接收时处于堵塞状态，一旦接收到数据，通过InputStream读取接收的数据。

（2）客户端创建一个Socket对象，指定服务器端的IP地址和端口号，通过InputStream读取数据，获取服务器端发出的数据，最后将要发送的数据写入OutputStream即可进行基于TCP的Socket数据传输。

三、实验内容

（1）创建项目。
（2）设置权限。
（3）设计布局文件。
（4）设计控制文件。
（5）在虚拟机中运行项目。

四、实验步骤

（1）创建SocketApplication项目。
（2）设置权限，添加网络权限，输入的代码如下：

```
<uses-permission
        android:name="android.permission.WRITE_EXTERNAL_STORAGE">
</uses-permission>
<uses-permission
        android:name="android.permission.WRITE_MEDIA_STORAGE">
</uses-permission>
```

（3）设计布局文件，输入如下代码：

```
<?xml version="1.0" encoding="utf-8"?>
<androidx.constraintlayout.widget.ConstraintLayout
xmlns:android="http://schemas.android.com/apk/res/android"
    xmlns:app="http://schemas.android.com/apk/res-auto"
    xmlns:tools="http://schemas.android.com/tools"
    android:layout_width="match_parent"
    android:layout_height="match_parent">
<TextView
        android:id="@+id/show_msg_tv"
        android:layout_width="wrap_content"
        android:layout_height="wrap_content"
        android:layout_centerHorizontal="true"
        android:layout_marginStart="48dp"
        android:layout_marginTop="31dp"
        android:text="服务端提示消息"
        app:layout_constraintStart_toStartOf="parent"
        app:layout_constraintTop_toTopOf="parent"
        tools:ignore="MissingConstraints" />
```

```
<EditText
    android:id="@+id/msg_et"
    android:layout_width="147dp"
    android:layout_height="46dp"
    android:layout_below="@id/show_msg_tv"
    android:layout_centerHorizontal="true"
    android:layout_marginStart="12dp"
    android:layout_marginTop="16dp"
    android:hint="请输入消息"
    app:layout_constraintStart_toEndOf="@+id/show_msg_tv"
    app:layout_constraintTop_toTopOf="parent"
    tools:ignore="MissingConstraints" />
<Button
    android:id="@+id/send_msg_btn"
    android:layout_width="wrap_content"
    android:layout_height="wrap_content"
    android:layout_below="@id/msg_et"
    android:layout_centerHorizontal="true"
    android:layout_marginStart="124dp"
    android:layout_marginTop="15dp"
    android:text="发送消息到服务端"
    app:layout_constraintStart_toStartOf="parent"
    app:layout_constraintTop_toBottomOf="@+id/msg_et"
    tools:ignore="MissingConstraints" />
</androidx.constraintlayout.widget.ConstraintLayout>
```

（4）设置控制文件，输入如下代码：

```
import 省略......
public class MainActivity extends AppCompatActivity implements
IRspListener {
    private final String TAG = "MainActivity";
    private TextView show_msg_tv;
    private TextView msg_et;
    private Button send_msg_btn;
    public static String path;
    private ISendMsg mSendMsg=new SendMsgImpl();
    private MainHandler mMainHandler=new MainHandler();
    @Override
    protected void onCreate(Bundle savedInstanceState) {
        super.onCreate(savedInstanceState);
```

```
        setContentView(R.layout.activity _ main);
        path = getFilesDir().getAbsolutePath() +"/";
        initServer();
        show _ msg _ tv=findViewById(R.id.show _ msg _ tv);
        msg _ et=findViewById(R.id.msg _ et);
        send _ msg _ btn=findViewById(R.id.send _ msg _ btn);
        send _ msg _ btn.setOnClickListener(new View.OnClickListener() {
            @Override
            public void onClick(View view) {
                String msg=msg _ et.getText().toString();
                if(msg!=null&&!msg.equals("")){
                    mSendMsg.sendMsg(MainActivity.this,msg);
                    msg _ et.setText("");
                }
            }
        });
    }
    private void initServer(){
        SocketService socketService = new SocketService();
        socketService.startService();
    }
    @Override
    public void onTimeOut() {
        Message message=new Message();
        message.what=100;
        Bundle bundle=new Bundle();
        bundle.putString("msg","超时");
        message.setData(bundle);
        mMainHandler.sendMessage(message);
}
    @Override
    public void onRspMsg(Socket socket, String msg) {
        Message message=new Message();
        message.what=100;
        Bundle bundle=new Bundle();
        bundle.putString("msg",msg);
        message.setData(bundle);
        mMainHandler.sendMessage(message);
    }
    public class MainHandler extends Handler{
```

```
            @Override
            public void handleMessage(@NonNull Message msg) {
                switch (msg.what){
                    case 100:
                        String str=msg.getData().getString("msg");
                        show_msg_tv.setText(str);
                        break;
                    default:
                        break;
                }
            }
        }
    }
```

（5）创建ClientThread类，输入如下代码：

```
import 省略......
public class ClientThread implements Runnable {
    private final String TAG = getClass().getSimpleName();
    IRspListener mListener=null;
    private byte[] mMsg = null;
    private ReentrantLock mLock = new ReentrantLock(true);
    public ClientThread(){
    }
    public void setRspListener(IRspListener listener){
        mListener=listener;
    }
    public void setmMsg(byte[] mMsg) {
        this.mMsg = mMsg;
    }
    @Override
    public void run() {
        mLock.lock();
        try {
            Socket socket = null;
            try {
                socket = new Socket(CommContent.IP,CommContent.PORT);
            } catch (IOException e) {
                e.printStackTrace();
            }
            InputStream input = null;
```

```
            DataOutputStream doutput = null;
            OutputStream output = null;
            DataInputStream dinput = null;
            try {
                socket.setSoTimeout(20 * 1000);
                output = socket.getOutputStream();
                doutput = new DataOutputStream(output);
                //向服务端发送数据
                doutput.write(mMsg, 0, mMsg.length);
                Log.i(TAG, Thread.currentThread().getName() + " 客户端
                发送消息: "+ Utils.bytesToHexString(mMsg));
                doutput.flush();
                input = socket.getInputStream();
                dinput = new DataInputStream(input);
                byte[] readbuf = new byte[1024];
                dinput.read(readbuf);
                int dataLen= Utils.bytes2Int _ LE(Utils.subByte
(readbuf,4,7));
                Log.i(TAG,"dataLen:"+dataLen);
                String dataStr= Utils.hexBytes2Str(Utils.subByte
(readbuf,8,dataLen));
                Log.i(TAG, "客户端收到消息: "+dataStr);
                mListener.onRspMsg(socket,dataStr);
            } catch (SocketTimeoutException e) {
                Log.i(TAG, "连接超时");
            } catch (Exception e) {
                e.printStackTrace();
            } finally {
                try {
                    input.close();
                    dinput.close();
                    output.close();
                    doutput.close();
                    Log.i(TAG, "Stream close");
                } catch (IOException e) {
                    e.printStackTrace();
                }
            }
        }finally {
            mLock.unlock();
```

```
            }
        }
    }
```

（6）创建CommContent类，输入如下代码：

```
    public class CommContent {
        public static final int PORT = 8080;//端口
        public static final String IP = "127.0.0.1";
        public static final byte[] HEADER = {(byte) 0xFF, (byte) 0x5A, (byte)
0xFF, (byte) 0xA5};
        public static final byte[] TRAIL = {(byte) 0xFF, (byte) 0xA5, (byte)
0xFF, (byte) 0x5A};
    }
```

（7）创建IRspListener接口，输入如下代码：

```
    public interface IRspListener {
        //超时回调
        void onTimeOut();
        //服务端消息反馈
        void onRspMsg(Socket socket,String msg);
    }
```

（8）创建ISendMsg接口，输入如下代码：

```
    public interface ISendMsg {
        int sendMsg(Context context,String msg);
    }
```

（9）创建SendMsgImpl类，输入如下代码：

```
    import 省略......
    public class SendMsgImpl implements ISendMsg {
        private final String TAG = SendMsgImpl.class.getSimpleName();
        @Override
        public int sendMsg(Context context, String msg) {
            ClientThread runnable = new ClientThread();
            runnable.setRspListener((IRspListener) context);
            byte[] msgBytes = msg.getBytes();
            byte[] sendStr = Utils.buildMsg(Utils.int2Bytes_LE(msgBytes.
length), msgBytes);
            runnable.setmMsg(sendStr);
```

```
        new Thread(runnable).start();
        return 0;
    }
}
```

（10）创建ServiceThread类，输入如下代码：

```
import 省略......
public class ServiceThread extends Thread{
    private final String TAG=getClass().getSimpleName();
    Socket socket;
    public ServiceThread(Socket socket) {
        Log.i(TAG, "线程ID: " + this.getId() + " 状态: " + this.getState());
        this.socket = socket;
    }
    @Override
    public void run() {
        super.run();
        InputStream input = null;//来自客户端的数据
        DataInputStream dinput = null;
        OutputStream output = null;//发送给客户端的数据
        DataOutputStream doutput = null;
        try {
            input = socket.getInputStream();
            if(SocketService.mType==1){
                dinput = new DataInputStream(input);
                byte[] readbuf=new byte[1024];
                dinput.read(readbuf);
                int dataLen= Utils.bytes2Int_LE(Utils.subByte
(readbuf,4,7));
                Log.i(TAG,"dataLen:"+dataLen);
                String dataStr= Utils.hexBytes2Str(Utils.subByte
(readbuf,8,dataLen));
                Log.i(TAG, "服务端收到消息: "+dataStr);
        } catch (Exception e) {
            e.printStackTrace();
        } finally {
            try {
                if(input!=null){
                    input.close();
                }
```

```
                    if(dinput!=null){
                        dinput.close();
                    }

                    Log.i(TAG, "Stream close");
                } catch (IOException e) {
                    e.printStackTrace();
                }
            }
        }
    }
```

（11）创建SocketService类，输入如下代码：

```
public class SocketService {
    private final String TAG = "SocketService";
    //监听来自客户端的请求并回复
    ServerSocket mServerSocket;
    Thread mMainThread = null;
    public static int mType=1;
    public SocketService() {
        try {
            mServerSocket = new ServerSocket(CommContent.PORT);
        } catch (IOException e) {
            e.printStackTrace();
        }
    }
    public void startService() {
        if (mMainThread == null) {
            mMainThread = new Thread() {
                @Override
                public void run() {
                    super.run();
                    try {
                        Log.i(TAG, "服务IP地址：" + CommContent.IP);
                        Socket socket = null;
                        while (true) {
                            Log.i(TAG, "服务启动，等待连接...");
                            socket = mServerSocket.accept();
                            Thread thread = new ServiceThread(socket);
                            thread.start();
```

```
                        Log.i(TAG, "创建线程，处理连接...");
                    }
                } catch (Exception e) {
                    e.printStackTrace();
                }
            }
        };
    }
    mMainThread.start();
  }
}
```

（12）创建Utils类，输入如下代码：

```
import 省略......
public class Utils {
    private static final String TAG = Utils.class.getSimpleName();
    public static final String bytesToHexString(byte[] bArray) {
        StringBuffer sb = new StringBuffer(bArray.length);
        String sTemp;
        for (int i = 0; i < bArray.length; i++) {
            sTemp = Integer.toHexString(0xFF & bArray[i]);
            if (sTemp.length() < 2)
                sb.append(0);
            sb.append(sTemp.toUpperCase());
        }
        return sb.toString();
    }
    public static String hexBytes2Str(byte[] operator) {
        StringBuilder sb = new StringBuilder();
        for (int i = 0; i < operator.length; i++) {
            char c = (char) operator[i];
            sb.append(c);
        }
        return sb.toString();
    }
    public static byte[] int2Bytes_LE(int iValue) {
        byte[] rst = new byte[4];
        rst[0] = (byte) (iValue & 0xFF);
        rst[1] = (byte) ((iValue & 0xFF00) >> 8);
        rst[2] = (byte) ((iValue & 0xFF0000) >> 16);
```

```
        rst[3] = (byte) ((iValue & 0xFF000000) >> 24);
        Log.i("int2Bytes_LE", bytesToHexString(rst));
        return rst;
}
    public static int bytes2Int_LE(byte[] bytes) {
        if (bytes.length < 4) {
            return -1;
        }
        int iRst = (bytes[0] & 0xFF);
        iRst |= (bytes[1] & 0xFF) << 8;
        iRst |= (bytes[2] & 0xFF) << 16;
        iRst |= (bytes[3] & 0xFF) << 24;
        return iRst;
    }
    public static byte[] subByte(byte[] b,int off,int length){
        byte[] b1 = new byte[length];
        System.arraycopy(b, off, b1, 0, length);
        return b1;
    }
    public static byte[] buildMsg(byte[] dataLen, byte[] data) {
        byte[] packedMsg = new byte[4 + 4 + 4 + 4 + data.length + 4];
        System.arraycopy(CommContent.HEADER, 0, packedMsg, 0, 4);
        System.arraycopy(dataLen, 0, packedMsg, 4, 4);
        System.arraycopy(data, 0, packedMsg, 8, data.length);
        System.arraycopy(CommContent.TRAIL,0,packedMsg,16+data.length,4);
        Log.i(TAG, bytesToHexString(packedMsg));
        return packedMsg;
    }
}
```

（13）在虚拟机中运行项目，运行结果如图 7-1 所示。

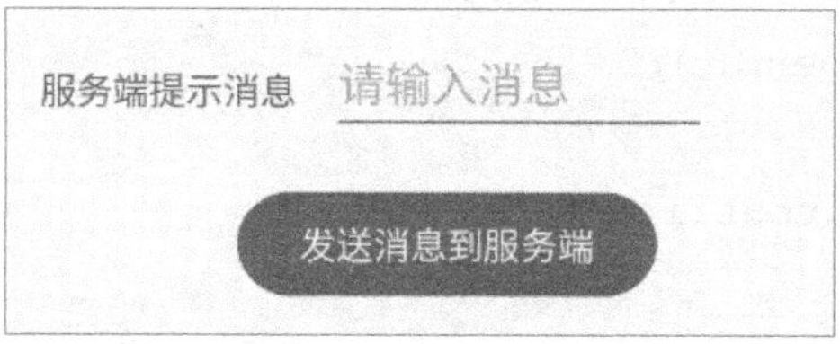

图 7-1　运行结果

实验2　简单HTTP通信

一、实验目的

（1）掌握HttpURLConnection类的使用方法。

（2）掌握HTTP通信的请求方法。

（3）了解HTTP通信数据的处理方法。

二、相关知识

从前面的实验中可以看到使用Socket进行通信是比较麻烦的，现代通信更多使用Web服务器进行HTTP通信。HTTP（Hypertext Transfer Protocol）是Web联网的基础，也是手机联网常用的协议之一。HTTP是建立在TCP之上的一种协议。Android中提供的HttpURLConnection和HttpClient接口可以用来开发HTTP程序。

HTTP 通信主要使用POST和GET两种请求方式，GET请求方式将参数放在URL字符串的后面传递给服务器，POST请求方式将参数放在HTTP请求中。因此，在编程之前，应当首先明确使用的请求方式，然后根据所使用的请求方式选择相应的编程方式。

HttpURLConnection继承自URLConnection类，是一种多用途、轻量级的HTTP客户端。HttpURLConnection是Java标准类，其对象主要通过URL的openConnection()方法获得。

步骤一般如下：

（1）创建HttpURLConnection对象。一般方法如下：

```
URL url = new URL(网站地址);
HttpURLConnection conn = (HttpURLConnection)url.openConnection();
```

（2）对请求的属性进行一些设置，常见设置见表7-1。

表7-1　常见请求设置

方法	功能
setConnectTimeout(int)	设置超时时间
setRequestMethod(string)	设置请求方式，一般为GET或POST
setUseCaches(boolean)	是否使用缓存
getResponseCode()	获取请求状态码
getInputStream()	获取输入流数据

（3）判断请求状态码是否为200，状态码为200表示服务器响应成功，也就是服务器找到了客户端请求的内容，并且将内容返回给客户端。如果状态码为200，执行步骤（4），否则，连接失败。

（4）通过getInputStream( )方法获取请求的数据。

三、实验内容

（1）创建项目。

（2）设置权限。

（3）设计布局文件。

（4）设计控制文件。

（5）在虚拟机中运行项目。

四、实验步骤

（1）创建HttpURLApplication项目。

（2）设置权限，添加网络权限，输入的代码如下：

```
<uses-permission
        android:name="android.permission.INTERNET">
</uses-permission>
```

（3）设计布局文件，输入如下代码：

```
<?xml version="1.0" encoding="utf-8"?>
<androidx.constraintlayout.widget.ConstraintLayout
xmlns:android="http://schemas.android.com/apk/res/android"
    xmlns:app="http://schemas.android.com/apk/res-auto"
    xmlns:tools="http://schemas.android.com/tools"
    android:layout_width="match_parent"
    android:layout_height="match_parent"
    tools:context=".MainActivity">
    <Button
        android:id="@+id/button"
        android:layout_width="wrap_content"
        android:layout_height="wrap_content"
        android:layout_marginTop="25dp"
        android:text="GET请求"
        app:layout_constraintEnd_toEndOf="parent"
        app:layout_constraintStart_toStartOf="parent"
        app:layout_constraintTop_toTopOf="parent" />
```

```
    <Button
        android:id="@+id/button2"
        android:layout_width="wrap_content"
        android:layout_height="wrap_content"
        android:layout_marginTop="25dp"
        android:text="POST请求"
        app:layout_constraintEnd_toEndOf="parent"
        app:layout_constraintStart_toStartOf="parent"
        app:layout_constraintTop_toBottomOf="@+id/button" />
</androidx.constraintlayout.widget.ConstraintLayout>
```

（4）设计控制文件，输入如下代码：

```
import 省略......
public class MainActivity extends AppCompatActivity {
    Button but1,but2;
    protected void onCreate(Bundle savedInstanceState) {
        super.onCreate(savedInstanceState);
        setContentView(R.layout.activity_main);
        but1 = findViewById(R.id.button);
        but2 = findViewById(R.id.button2);
        but1.setOnClickListener(new View.OnClickListener() {
            @Override
            public void onClick(View view) {
                GetMethod();
            }
        });
        but2.setOnClickListener(new View.OnClickListener() {
            @Override
            public void onClick(View view) {
                 PostMethod();
            }
        });
    }
    public void GetMethod(){
        try {
            // 1. 获取访问地址URL
            URL url = new URL("https://www.httpbin.org/get?m=1&n=2");
            // 2. 创建HttpURLConnection对象
             HttpURLConnection connection = (HttpURLConnection) url.
openConnection();
```

```
            //3. 设置请求方式
            connection.setRequestMethod("GET");
            //4. 设置连接超时时间
            connection.setConnectTimeout(3000);
            connection.connect();
            //5. 从连接中读取响应信息
            String msg = "";
            int code = connection.getResponseCode();
            if (code == 200) {
                BufferedReader reader = new
                BufferedReader(new InputStreamReader(connection.getIn
putStream()));

                String line;
                while ((line = reader.readLine()) != null) {
                    msg += line + "\n";
                }
                reader.close();
            }
           // 6. 断开连接
            connection.disconnect();
            //7. 处理结果
            Log.i("body",msg);
        } catch (MalformedURLException e) {
            e.printStackTrace();
        } catch (IOException e) {
            e.printStackTrace();
        }
    }

    public void PostMethod(){
        try {
            // 1. 获取访问地址URL
            URL url = new URL("https://www.httpbin.org/");
            // 2. 创建HttpURLConnection对象
             HttpURLConnection connection = (HttpURLConnection) url.
openConnection();
            //3. 设置请求方式
            connection.setRequestMethod("POST");
            //4. 设置连接超时时间
            connection.setConnectTimeout(3000);
```

```
                connection.connect();
                //5. 将参数写入请求中
                String params = "m=1&n=2";
                OutputStream out = connection.getOutputStream();
                out.write(params.getBytes());
                out.flush();
                out.close();
                String msg = "";
                int code = connection.getResponseCode();
                if (code == 200) {
                    BufferedReader reader = new
                    BufferedReader(new InputStreamReader(connection.getIn
putStream()));
                    String line;
                    while ((line = reader.readLine()) != null) {
                        msg += line + "\n";
                    }
                    reader.close();
                }
                //6. 断开连接
                connection.disconnect();
              //7. 处理结果
                Log.i("body",msg);
            } catch (MalformedURLException e) {
                e.printStackTrace();
            } catch (IOException e) {
                e.printStackTrace();
            }
        }
    }
```

（5）在虚拟机中运行项目，可以看到图 7-2 所示结果。

图 7-2 运行结果

单击“GET请求”，可以在Logcat对话框中找到图 7–3 所示结果。


```
"args": {
  "m": "1",
  "n": "2"
},
"headers": {
  "Accept-Encoding": "gzip",
  "Host": "www.httpbin.org",
  "User-Agent": "okhttp/4.9.0"
```


图 7–3　程序运行结果

实验3　OkHttp通信

一、实验目的

（1）掌握OkHttpClient类的使用方法。
（2）掌握OkHttP通信的请求方法。
（3）了解HTTP通信数据的处理方法。

二、相关知识

HttpURLConnection使用起来较为烦琐，且实际使用时很难进行异步请求处理。事实上，在开源盛行的今天，有许多出色的网络通信可以替代HttpURLConnection，而OkHttp就是其中一个。

OkHttp是由Square公司开发的一套处理 HTTP 网络请求的依赖库，相当于Android原生的HttpClient和HttpURLConnection的封装。它在封装上做得简单容易，让写法更加简单，可以处理更加复杂的网络请求。OkHttp现在几乎已经占据了所有的网络请求操作，官网地址为https://square.github.io/okhttp/。使用OkHttp的步骤一般如下：

（1）创建OkHttpClient对象，一般方法为：

```
OkHttpClient okHttpClient = new OkHttpClient();
```

（2）创建一个Request对象，设置目标地址，一般方法为：

```
Request request = new Request.Builder()
                        .url(网址)
                        .build();
```

（3）调用OkHttpClient对象的newCall( )方法创建Call对象：

```
Call newCall = okHttpClient.newCall(request);
```

（4）调用Call对象的execute( )方法来发送请求并获取服务器返回的数据：

```
Response response = newCall.execute();
```

（5）如果发起的是POST请求，需要先构造出一个FormBody对象存放参数：

```
FormBody formBody = new FormBody.Builder()
                        .add("m","1")
```

```
                                .add("n","2")
                                .build();
```

（6）在步骤（2），将创建Request对象的代码替换为下述代码，并重复步骤（3）和步骤（4）即可：

```
Request request = new Request.Builder()
                                .url(网址)
                                .post(formBody)
                                .build();
```

三、实验内容

（1）创建项目。
（2）添加依赖。
（3）设置权限。
（4）设计布局文件。
（5）设计控制文件。
（6）在虚拟机中运行项目。

四、实验步骤

（1）创建OkHttpTest项目。
（2）添加依赖，打开build.gradle.kts(Module:app)文件，在依赖项中添加如下代码：

```
implementation("com.squareup.okhttp3:okhttp:4.9.0")
```

（3）设置权限，添加网络权限，输入的代码如下：

```
<uses-permission
        android:name="android.permission.INTERNET">
</uses-permission>
```

（4）设计布局文件，输入如下代码：

```
<?xml version="1.0" encoding="utf-8"?>
<androidx.constraintlayout.widget.ConstraintLayout
xmlns:android="http://schemas.android.com/apk/res/android"
    xmlns:app="http://schemas.android.com/apk/res-auto"
    xmlns:tools="http://schemas.android.com/tools"
    android:layout_width="match_parent"
    android:layout_height="match_parent"
```

```
    tools:context=".MainActivity">
    <Button
        android:id="@+id/button"
        android:layout_width="wrap_content"
        android:layout_height="wrap_content"
        android:layout_marginTop="16dp"
        android:text="同步GET"
        app:layout_constraintEnd_toEndOf="parent"
        app:layout_constraintHorizontal_bias="0.149"
        app:layout_constraintStart_toStartOf="parent"
        app:layout_constraintTop_toTopOf="parent" />
    <Button
        android:id="@+id/button2"
        android:layout_width="wrap_content"
        android:layout_height="wrap_content"
        android:layout_marginTop="40dp"
        android:text="异步GET"
        app:layout_constraintEnd_toEndOf="parent"
        app:layout_constraintHorizontal_bias="0.149"
        app:layout_constraintStart_toStartOf="parent"
        app:layout_constraintTop_toBottomOf="@+id/button" />
    <Button
        android:id="@+id/button3"
        android:layout_width="wrap_content"
        android:layout_height="wrap_content"
        android:layout_marginTop="16dp"
        android:text="同步POST"
        app:layout_constraintEnd_toEndOf="parent"
        app:layout_constraintHorizontal_bias="0.758"
        app:layout_constraintStart_toStartOf="parent"
        app:layout_constraintTop_toTopOf="parent" />
    <Button
        android:id="@+id/button4"
        android:layout_width="wrap_content"
        android:layout_height="wrap_content"
        android:layout_marginTop="40dp"
        android:text="异步POST"
        app:layout_constraintEnd_toEndOf="parent"
        app:layout_constraintStart_toEndOf="@+id/button2"
        app:layout_constraintTop_toBottomOf="@+id/button3" />
```

```
        app:layout_constraintHorizontal_bias="0.758"
    <Button
        android:id="@+id/button5"
        android:layout_width="wrap_content"
        android:layout_height="wrap_content"
        android:layout_marginTop="40dp"
        android:text="JSON格式"
        app:layout_constraintEnd_toEndOf="parent"
        app:layout_constraintHorizontal_bias="0.751"
        app:layout_constraintStart_toStartOf="parent"
        app:layout_constraintTop_toBottomOf="@+id/button4" />
</androidx.constraintlayout.widget.ConstraintLayout>
```

（5）设计控制文件，输入如下代码：

```
import 省略......
public class MainActivity extends AppCompatActivity {
    private OkHttpClient okHttpClient;
    Button button,button1,button2,button3,button4;

    @Override
    protected void onCreate(Bundle savedInstanceState) {
        super.onCreate(savedInstanceState);
        setContentView(R.layout.activity_main);
        okHttpClient = new OkHttpClient();
        button = findViewById(R.id.button);
        button.setOnClickListener(new View.OnClickListener() {
            @Override
            public void onClick(View view) {
                getSyn(view);
            }
        });
        button1 = findViewById(R.id.button2);
        button1.setOnClickListener(new View.OnClickListener() {
            @Override
            public void onClick(View view) {
                getAsyn(view);
            }
        });
        button2 = findViewById(R.id.button3);
        button2.setOnClickListener(new View.OnClickListener() {
```

```
            @Override
            public void onClick(View view) {
                postSyn(view);
            }
        });
        button3 = findViewById(R.id.button4);
        button3.setOnClickListener(new View.OnClickListener() {
            @Override
            public void onClick(View view) {
                postAsyn(view);
            }
        });
        button4 = findViewById(R.id.button5);
        button4.setOnClickListener(new View.OnClickListener() {
            @Override
            public void onClick(View view) {
                Json _ Data(view);
            }
        });
    }

    public void getSyn(View view){
        new Thread(){
            public void run(){
                Request request = new Request.Builder()
                        .url("https://www.httpbin.org/get?m=1&n=2")
                        .build();
                Call newCall = okHttpClient.newCall(request);
                try {
                    Response response = newCall.execute();
                    Log.i("body",response.body().string());
                } catch (IOException e) {
                    throw new RuntimeException(e);
                }
            }
        }.start();
    }

    public void getAsyn(View view){
        Request request = new Request.Builder()
```

```
                    .url("https://www.httpbin.org/get?m=1&n=2").build();
            Call newCall = okHttpClient.newCall(request);
            newCall.enqueue(new Callback() {
                @Override
                    public void onFailure(@NonNull Call call, @NonNull
IOExce ption e) {

                }
                @Override
                public void onResponse(@NonNull Call call, @NonNull Response
response) throws IOException {
                    if(response.isSuccessful()){
                        Log.i("body",response.body().string());
                    }
                }
            });
        }
        public void postSyn(View view){
            new Thread(){
                public void run(){
                    FormBody formBody = new FormBody.Builder()
                            .add("m","1")
                            .add("n","2")
                            .build();
                    Request request = new Request.Builder()
                            .url("https://www.httpbin.org/post")
                            .post(formBody)
                            .build();
                    Call newCall = okHttpClient.newCall(request);
                    try {
                        Response response = newCall.execute();
                        Log.i("body",response.body().string());
                    } catch (IOException e) {
                        throw new RuntimeException(e);
                    }
                }
            }.start();
        }

        public void postAsyn(View view){
```

```
            FormBody formBody = new FormBody.Builder()
                    .add("m","1")
                    .add("n","2")
                    .build();
            Request request = new Request.Builder()
                        .url("https://www.httpbin.org/post").post(formBody).
build();
            Call newCall = okHttpClient.newCall(request);
            newCall.enqueue(new Callback() {
                @Override
                    public void onFailure(@NonNull Call call, @NonNull
IOExce ption e) {

                }
                @Override
                public void onResponse(@NonNull Call call, @NonNull Response
response) throws IOException {
                    if(response.isSuccessful()){
                        Log.i("body",response.body().string());
                    }
                }
            });
        }
        public void Json_Data(View view){
              String json = "{\"firstName\": \"Brett\", \"lastName\":
\"McLaughlin\"}";
            RequestBody requestBody = RequestBody.create(json,
            MediaType.parse("application/json"));
            Request request = new Request.Builder()
                    .url("https://www.httpbin.org/post")
                    .post(requestBody)
                    .build();
            Call newCall = okHttpClient.newCall(request);
            newCall.enqueue(new Callback() {
                @Override
                    public void onFailure(@NonNull Call call, @NonNull
IOExce ption e) {

                }
```

```
                @Override
                public void onResponse(@NonNull Call call, @NonNull Response
response) throws IOException {
                    if(response.isSuccessful()){
                        Log.i("body",response.body().string());
                    }
                }
            });
        }
    }
```

（6）在虚拟机中运行项目，可以看到图 7-4 所示结果。

图 7-4　运行结果

第 8 章　Android 数据存储

实验 1　SharedPreferences 存储

一、实验目的

（1）掌握 SharedPreferences 类的使用方法。
（2）掌握 SharedPreferences.Editor 类的使用方法。
（3）了解数据储存的处理方法。

二、相关知识

SharedPreferences 是一个轻量级机制，保存的主要是类似配置信息格式的数据。其使用键值对保存任意类型数据，如布尔型、浮点型、整型及字符串。存储的时候类似于 Map 的 key-Value 值对。SharedPreferences 的使用步骤一般为：

（1）获取 SharedPreferences 对象，一般代码如下：

```
SharedPreferences preferences = getSharedPreferences(name,mode);
```

getSharedPreferences（String name, int mode）用于获取由 name 参数指定的 SharedPreferences，mode 为数据的操作模式，支持以下四种情况：

①MODE_PRIVATE：只被本地程序读写。
②MODE_WORLD_READABLE：能被其他程序读。
③MODE_WORLD_WRITEABLE：能被其他程序写。
④MODE_MULTI_PROCESS：检查存储数据的变化。

（2）获取 SharedPreferences.Editor 对象。SharedPreferences.Editor 对象用于向 SharedPreferences 中写入数据，一般代码如下：

```
SharedPreferences.Editor edit = preferences.edit()
```

（3）向 SharedPreferences 中存取数据，一般代码如下：

```
edit.get×××();//读数据
edit.put×××();//存数据
```

其中的 ××× 指 Boolean、String、Int、Float 等。

（4）提交，一般代码如下：

```
edit.commit();
```

三、实验内容

（1）创建项目。
（2）设计布局文件。
（3）设计控制文件。
（4）在虚拟机中运行项目。

四、实验步骤

（1）创建 SharedPreferencesApplication 项目。
（2）设计布局文件，输入如下代码：

```
<?xml version="1.0" encoding="utf-8"?>
<androidx.constraintlayout.widget.ConstraintLayout
xmlns:android="http://schemas.android.com/apk/res/android"
    xmlns:app="http://schemas.android.com/apk/res-auto"
    xmlns:tools="http://schemas.android.com/tools"
    android:layout_width="match_parent"
    android:layout_height="match_parent"
    tools:context=".MainActivity">
    <Button
        android:id="@+id/button"
        android:layout_width="wrap_content"
        android:layout_height="wrap_content"
        android:layout_marginTop="25dp"
        android:text="写入数据"
        app:layout_constraintEnd_toEndOf="parent"
        app:layout_constraintStart_toStartOf="parent"
        app:layout_constraintTop_toTopOf="parent" />

    <Button
```

```
        android:id="@+id/button2"
        android:layout_width="wrap_content"
        android:layout_height="wrap_content"
        android:layout_marginTop="25dp"
        android:text="读取数据"
        app:layout_constraintEnd_toEndOf="parent"
        app:layout_constraintStart_toStartOf="parent"
        app:layout_constraintTop_toBottomOf="@+id/button" />
</androidx.constraintlayout.widget.ConstraintLayout>
```

（3）设计控制文件，输入如下代码：

```
import 省略......
public class MainActivity extends AppCompatActivity {
    Button but1,but2;
    SharedPreferences preferences;
    SharedPreferences.Editor editor;
    @Override
    protected void onCreate(Bundle savedInstanceState) {
        super.onCreate(savedInstanceState);
        setContentView(R.layout.activity_main);
        but1 = findViewById(R.id.button);
        but2 = findViewById(R.id.button2);
        preferences = getSharedPreferences("mydata", Context.MODE_PRIVATE);
        editor = preferences.edit();
        but1.setOnClickListener(new View.OnClickListener() {
            @Override
            public void onClick(View view) {
                editor.putInt("sid",153);
                editor.commit();}
        });
        but2.setOnClickListener(new View.OnClickListener() {
            @Override
            public void onClick(View view) {
                int sid = preferences.getInt("sid",0);
                Toast.makeText(MainActivity.this,
                            String.valueOf(sid),Toast.LENGTH_SHORT).
show();}
        });
    }
}
```

（4）在虚拟机中运行项目，可以看到图 8-1 所示结果。

图 8-1　运行结果

实验2 文件存储

一、实验目的

（1）掌握File类的使用方法。
（2）掌握输入/输出流的使用方法。
（3）掌握异常的处理方法。
（4）掌握内部存储和外部存储的文件存储位置。

二、相关知识

应用程序在运行过程中会产生一些文件，例如缓存文件或图片文件，这些文件根据使用目的可以分为私有文件和公共文件。当需要进行文件存取操作时，需要根据需求选择相应的存储位置。存储在内部存储位置上的文件用来存放私有数据，其他应用程序（或用户）不能访问它们，当用户卸载应用程序时，这些文件也会被删除。存放在扩展存储位置上的文件用来保存公共数据，文件是完全共享的，并且在启用USB存储把文件传输到计算机上时，用户能够修改这些文件。

Android直接调用java.io包的File类处理文件的管理，在创建时需要指明文件或目录的路径，类似如下代码：

```
String sFile = "data/data/mydata.txt";
File fFile = New File(sFile);
```

其常用方法见表8-1。

表8-1 File类的常用方法

方法	功能
exists()	判断文件或目录是否存在
renameTo(File newFile)	将文件重命名成newFile对应的文件名
isFile()	判断对象是否是文件
isDirectory()	判断对象是否是目录
delete()	删除当前文件
mkdir()	创建当前路径的子目录

文件中存取数据使用输入/输出流，处理二进制文件使用字节输入流FileInputStream和字节输出流FileOutputStream，处理字符文件使用字符输入流FileReader和字符输出流

FileWriter。

三、实验内容

（1）创建项目。
（2）设置权限。
（3）设计布局文件。
（4）设计控制文件。
（5）在虚拟机中运行项目。

四、实验步骤

（1）创建FileApplication项目。
（2）设置权限，添加文件读写权限输入的代码如下：

```
<uses-permission
        android:name="android.permission.WRITE_EXTERNAL_STORAGE">
</uses-permission>
<uses-permission
        android:name="android.permission.READ_EXTERNAL_STORAGE">
</uses-permission>
```

（3）设计布局文件，输入如下代码：

```
<?xml version="1.0" encoding="utf-8"?>
<androidx.constraintlayout.widget.ConstraintLayout
xmlns:android="http://schemas.android.com/apk/res/android"
    xmlns:app="http://schemas.android.com/apk/res-auto"
    xmlns:tools="http://schemas.android.com/tools"
    android:layout_width="match_parent"
    android:layout_height="match_parent"
    tools:context=".MainActivity">

<Button
        android:id="@+id/button"
        android:layout_width="wrap_content"
        android:layout_height="wrap_content"
        android:layout_marginStart="50dp"
        android:layout_marginTop="20dp"
        android:text="内部保存"
        app:layout_constraintStart_toStartOf="parent"
```

```
        app:layout_constraintTop_toTopOf="parent" />
    <Button
        android:id="@+id/button2"
        android:layout_width="wrap_content"
        android:layout_height="wrap_content"
        android:layout_marginStart="50dp"
        android:layout_marginTop="20dp"
        android:text="外部保存"
        app:layout_constraintStart_toEndOf="@+id/button"
        app:layout_constraintTop_toTopOf="parent" />

    <Button
        android:id="@+id/button3"
        android:layout_width="wrap_content"
        android:layout_height="wrap_content"
        android:layout_marginStart="50dp"
        android:layout_marginTop="20dp"
        android:text="内部读取"
        app:layout_constraintStart_toStartOf="parent"
        app:layout_constraintTop_toBottomOf="@+id/button" />
    <Button
        android:id="@+id/button4"
        android:layout_width="wrap_content"
        android:layout_height="wrap_content"
        android:layout_marginStart="50dp"
        android:layout_marginTop="20dp"
        android:text="外部读取"
        app:layout_constraintStart_toEndOf="@+id/button3"
        app:layout_constraintTop_toBottomOf="@+id/button2" />
</androidx.constraintlayout.widget.ConstraintLayout>
```

（4）设计控制文件，输入如下代码：

```
import 省略......
public class MainActivity extends AppCompatActivity {
    Button but1,but2,but3,but4;
    String filename = "data.txt";
    String data = "Hello";
    @Override
    protected void onCreate(Bundle savedInstanceState) {
        super.onCreate(savedInstanceState);
```

```
        setContentView(R.layout.activity _ main);
            but1 = findViewById(R.id.button);
            but2 = findViewById(R.id.button2);
            but3 = findViewById(R.id.button3);
            but4 = findViewById(R.id.button4);
            but1.setOnClickListener(new View.OnClickListener() {
                @Override
                public void onClick(View view) {
                    saveFile();
                }
            });
            but3.setOnClickListener(new View.OnClickListener() {
                @Override
                public void onClick(View view) {
                    readFile();
                }
            });
            but2.setOnClickListener(new View.OnClickListener() {
                @Override
                public void onClick(View view) {
                    saveSDFile();
                }
            });
            but4.setOnClickListener(new View.OnClickListener() {
                @Override
                public void onClick(View view) {
                    readSDFile();
            }
        });
    }
    void saveFile(){
        try {
            FileOutputStream outputStream =
                 openFileOutput(filename, Context.MODE _ PRIVATE);
            outputStream.write(data.getBytes());
        } catch (IOException e) {
            throw new RuntimeException(e);
        }
    }
    void readFile(){
```

```
            byte[] buffer = new byte[1024];
            try {
                FileInputStream inputStream = openFileInput(filename);
                inputStream.read(buffer);
                String str = new String(buffer);
                 Toast.makeText(MainActivity.this,str,Toast.LENGTH_SHORT).
show();
            } catch (IOException e) {
                throw new RuntimeException(e);
            }
    }
        void saveSDFile(){
            if(Environment.getExternalStorageState()
                    .equals(Environment.MEDIA_MOUNTED)){
                File path = Environment.getExternalStorageDirectory();
                File sdFile = new File(path,filename);
                try {
                    FileOutputStream outputStream = new FileOutputStream
(sdFile);
                    outputStream.write(data.getBytes());
                } catch (IOException e) {
                    throw new RuntimeException(e);
                }
            }
        }
        void readSDFile(){
            if(Environment.getExternalStorageState().equals(Environment.
MEDIA_MOUNTED)){
                File path = Environment.getExternalStorageDirectory();
                File sdFile = new File(path,filename);
                try {
                     FileInputStream inputStream = new FileInputStream
(sdFile);
                    byte[] buffer = new byte[1024];
                    inputStream.read(buffer);
                    String str = new String(buffer);
                     Toast.makeText(MainActivity.this,str,Toast.LENGTH_
SHORT).show();
                } catch (IOException e) {
                    throw new RuntimeException(e);
```

```
                        }
                    }
                }
            }
```

(5)在虚拟机中运行项目，可以看到图 8-2 所示结果。

图 8-2　运行结果

实验 3　SQLite 数据库操作

一、实验目的

（1）掌握 SQLiteOpenHelper 类的使用方法。

（2）掌握 SQLiteDatabase 类的使用方法。

（3）了解数据库的操作方法。

二、相关知识

在 Android 中通过 SQLite 数据库引擎实现结构化数据存储，Android 提供了对 SQLite 数据的完全支持。SQLite 数据库是一款开源的、轻量级的、嵌入式的、关系型的数据库。它于 2000 年由 D.Richard Hipp 发布，支持 C、Java、PHP、Python 等几乎所有的现代编程语言，支持 Windows、Linux、MacOS、Android 等主流操作系统平台。引擎本身只有不到 300 KB，常用于嵌入式数据库内嵌在应用程序中。SQLite 生成的数据库文件是一个后缀为“.db”的磁盘文件，可放置在任意目录下。

Android 系统提供了创建和使用 SQLite 数据库的 API 接口，主要由 SQLiteDatabase 类和 SQLiteOpenHelper 类对数据库进行管理。

SQLiteOpenHelper 类用于创建数据库并管理数据库版本。它是一个抽象类，在使用时一般要定义一个继承自 SQLiteOpenHelper 的子类，然后使用该子类进行实际操作。一般应用该类的 getWritableDatabase( ) 方法以读写方式创建或打开数据库。

SQLiteDatabase 类提供了一系列操作数据库的方法，可以对数据库中的数据进行删除、插入、更新等操作，其常用方法见表 8-2。

表 8-2　SQLiteDatabase 类的常用方法

方法	功能
`openOrCreateDatabase(String,CursorFactory)`	打开或创建数据库
`openDatabase(String,CursorFactory,int)`	打开指定数据库
`insert(String,String,ContentValues)`	插入数据
`delete(String,String,String[])`	删除数据
`update(String,ContentValues,String,String[])`	更新数据
`query(String,String[],String,String[],String,String,String)`	查询数据
`execSQL(String)`	执行 SQL 查询
`close()`	关闭数据库

三、实验内容

（1）创建项目。
（2）设计布局文件。
（3）设计控制文件。
（4）在虚拟机中运行项目。

四、实验步骤

（1）创建SQLApplication项目。
（2）设计布局文件，输入如下代码：

```
<?xml version="1.0" encoding="utf-8"?>
<androidx.constraintlayout.widget.ConstraintLayout
xmlns:android="http://schemas.android.com/apk/res/android"
    xmlns:app="http://schemas.android.com/apk/res-auto"
    xmlns:tools="http://schemas.android.com/tools"
    android:layout_width="match_parent"
    android:layout_height="match_parent"
    tools:context=".MainActivity">
    <Button
        android:id="@+id/button"
        android:layout_width="wrap_content"
        android:layout_height="wrap_content"
        android:layout_marginStart="25dp"
        android:layout_marginTop="20dp"
        android:text="创建数据库"
        app:layout_constraintStart_toStartOf="parent"
        app:layout_constraintTop_toTopOf="parent" />
    <Button
        android:id="@+id/button2"
        android:layout_width="wrap_content"
        android:layout_height="wrap_content"
        android:layout_marginStart="25dp"
        android:layout_marginTop="20dp"
        android:text="打开数据表"
        app:layout_constraintStart_toEndOf="@+id/button"
        app:layout_constraintTop_toTopOf="parent" />
    <Button
```

```
        android:id="@+id/button3"
        android:layout_width="wrap_content"
        android:layout_height="wrap_content"
        android:layout_marginStart="30dp"
        android:layout_marginTop="42dp"
        android:text="添加"
        app:layout_constraintStart_toStartOf="parent"
        app:layout_constraintTop_toBottomOf="@+id/button" />
<Button
        android:id="@+id/button4"
        android:layout_width="wrap_content"
        android:layout_height="wrap_content"
        android:layout_marginStart="50dp"
        android:layout_marginTop="40dp"
        android:text="修改"
        app:layout_constraintStart_toEndOf="@+id/button3"
        app:layout_constraintTop_toBottomOf="@+id/button" />
    <Button
        android:id="@+id/button5"
        android:layout_width="wrap_content"
        android:layout_height="wrap_content"
        android:layout_marginStart="30dp"
        android:layout_marginTop="33dp"
        android:text="删除"
        app:layout_constraintStart_toStartOf="parent"
        app:layout_constraintTop_toBottomOf="@+id/button3" />
    <Button
        android:id="@+id/button6"
        android:layout_width="wrap_content"
        android:layout_height="wrap_content"
        android:layout_marginStart="50dp"
        android:layout_marginTop="33dp"
        android:text="关闭数据库"
        app:layout_constraintStart_toEndOf="@+id/button5"
        app:layout_constraintTop_toBottomOf="@+id/button4" />
    <Button
        android:id="@+id/button7"
        android:layout_width="wrap_content"
        android:layout_height="wrap_content"
        android:layout_marginStart="30dp"
```

```
        android:layout_marginTop="33dp"
        android:text="显示上一条记录"
        app:layout_constraintStart_toStartOf="parent"
        app:layout_constraintTop_toBottomOf="@+id/button5" />
    <Button
        android:id="@+id/button8"
        android:layout_width="wrap_content"
        android:layout_height="wrap_content"
        android:layout_marginStart="30dp"
        android:layout_marginTop="33dp"
        android:text="显示下一条记录"
        app:layout_constraintStart_toStartOf="parent"
        app:layout_constraintTop_toBottomOf="@+id/button7" />
</androidx.constraintlayout.widget.ConstraintLayout>
```

（3）设计控制文件。

①创建DBConnection类，输入如下代码：

```
import 省略......
public class DBConnection extends SQLiteOpenHelper {
    static final String Database = "user.db";
    static final int Version = 1;
    static final String Table_name = "User";
    DBConnection(Context context){
        super(context,Database,null,Version);
    }
    @Override
    public void onCreate(SQLiteDatabase sqLiteDatabase) {
        sqLiteDatabase.execSQL("create table User(id integer
                        primary key autoincrement,name char(10))");
    }
    @Override
    public void onUpgrade(SQLiteDatabase sqLiteDatabase, int i, int i1) {
    }
}
```

②在控制文件中输入如下代码：

```
import 省略......
public class MainActivity extends AppCompatActivity {
    Button but1,but2,but3,but4,but5,but6,but7,but8;
    SQLiteDatabase db;
```

```
    DBConnection conn;
    Cursor cursor;
    @Override
    protected void onCreate(Bundle savedInstanceState) {
        super.onCreate(savedInstanceState);
        setContentView(R.layout.activity _ main);
        but1 = findViewById(R.id.button);
        but2 = findViewById(R.id.button2);
        but3 = findViewById(R.id.button3);
        but4 = findViewById(R.id.button4);
        but5 = findViewById(R.id.button5);
        but6 = findViewById(R.id.button6);
        but7 = findViewById(R.id.button7);
        but8 = findViewById(R.id.button8);
        but1.setOnClickListener(new View.OnClickListener() {
            @Override
            public void onClick(View view) {
                conn = new DBConnection(MainActivity.this);
                db = conn.getWritableDatabase();
            }
        });
        but2.setOnClickListener(new View.OnClickListener() {
            @Override
            public void onClick(View view) {
                if(db==null)
                    db = openOrCreateDatabase(DBConnection.Database,
Context.MODE _ PRIVATE,null);
            }
        });
        but3.setOnClickListener(new View.OnClickListener() {
            @Override
            public void onClick(View view) {
                ContentValues values = new ContentValues();
                values.put("name","小王");
                db.insert(DBConnection.Table _ name,null,values);
            }
        });
        but4.setOnClickListener(new View.OnClickListener() {
            @Override
            public void onClick(View view) {
```

```
                ContentValues values = new ContentValues();
                values.put("name","小李");
                String whereText = "id=1";
                db.update(DBConnection.Table _ name,values,whereText,null);
            }
        });
        but5.setOnClickListener(new View.OnClickListener() {
            @Override
            public void onClick(View view) {
                String whereText = "id=2";
                db.delete(DBConnection.Table _ name,whereText,null);
            }
        });
        but6.setOnClickListener(new View.OnClickListener() {
            @Override
            public void onClick(View view) {
                db.close();
            }
        });
        but7.setOnClickListener(new View.OnClickListener() {
            @Override
            public void onClick(View view) {
                if(cursor==null){
                    cursor = db.query(DBConnection.Table _ name,
                                      null,null,null,null,null,null);
                    cursor.moveToNext();
                }
                if(!cursor.isFirst())
                    cursor.moveToPrevious();
                getData();
            }
        });
        but8.setOnClickListener(new View.OnClickListener() {
            @Override
            public void onClick(View view) {
                if(cursor==null){
                    cursor = db.query(DBConnection.Table _ name,
                                      null,null,null,null,null,null);
                    cursor.moveToNext();
                }
```

```
                if(!cursor.isLast())
                    cursor.moveToNext();
                getData();
            }
        });
    }
    void getData(){
        String id = cursor.getString(0);
        String name = cursor.getString(1);
        Toast.makeText(MainActivity.this,"id"+id+"name"+name,
                                            Toast.LENGTH_SHORT).show();
}}
```

（4）在虚拟机中运行项目，可以看到图 8-3 所示结果。

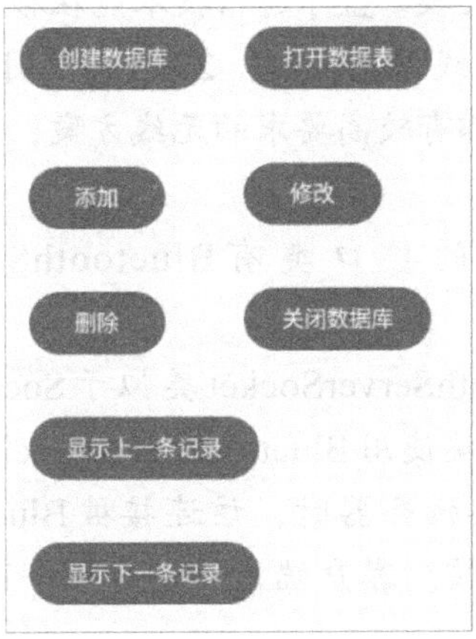

图 8-3　运行结果

第 9 章　Android蓝牙通信

本章概述

蓝牙（Bluetooth）是一种无线技术标准，由爱立信公司于 1994 年提出，可实现固定设备、移动设备之间的短距离数据交换。蓝牙通信技术能在移动电话、无线耳机、笔记本电脑、相关外设等众多设备之间进行无线信息交换。2010 年 7 月，以低功耗为特点的蓝牙 4.0 标准推出，专门面向对成本和功耗都有较高要求的无线方案，可广泛用于卫生保健、体育健身、家庭娱乐、安全保障等诸多领域。

在 Android 中和蓝牙相关的接口类有 BluetoothSocket、BluetoothServerSocket、BluetoothAdapter。

BluetoothSocket 类和 BluetoothServerSocket 类似于 Socket 和 ServerSocket，用于在客户端和服务器端传输数据。服务器端使用 BluetoothServerSocket 类来创建一个监听服务监听某个指定端口，当客户端需要连接服务器时，该连接被 BluetoothServerSocket 接收，并返回一个 BluetoothSocket 来管理该连接。客户端需要创建一个 BluetoothSocket 类去连接服务器，其常用方法见表 9-1。

表 9-1　BluetoothSocket 类的常用方法

方法	功能
connect()	尝试连接到远程设备
getInputStream()	获得输入数据流
getOutputStream()	获得输出数据流
getRemoteDevice()	获得该端口连接的设备
accept(int timeout)	服务端获得连接
close()	关闭连接

BluetoothAdapter 类是本设备的蓝牙适配器对象，主要有以下功能：开关蓝牙设备；扫描蓝牙设备；设置 / 获取蓝牙状态信息等。

Android 蓝牙的开发步骤一般为：

（1）设置权限。在 AndroidManifest.xml 中添加如下代码打开蓝牙控制权限：

```
<uses-permission android:name="android.permission.BLUETOOTH"/>
<uses-permission android:name="android.permission.BLUETOOTH _ ADMIN"/>
```

(2)启动蓝牙。查看本机是否支持蓝牙，获取BluetoothAdapter蓝牙适配器对象。

(3)匹配蓝牙设备。使本机蓝牙处于可见状态，便于其他设备发现本机蓝牙或使用已经配对的蓝牙设备。

(4)如果需要搜索其他的蓝牙设备，可以使用startDiscovery( )搜索设备。Android系统会通过广播机制发送结果，所以一般需要注册相应的广播接收。

(5)建立连接。查找到设备后，需要建立本机与其他设备之间的连接。一般用本机搜索其他蓝牙设备时，本机可以作为一个服务器端，接收其他设备的连接。通过搜索到的设备信息可以获取设备的地址，通过地址获取BluetoothDeviced对象，可以将其作为客户端。调用createRfcommSocketToServiceRecord(UUID)方法获取BluetoothSocket对象，同一个UUID可与服务器建立连接获取另一个BluetoothSocket对象，由此服务器端与客户端各有一个BluetoothSocket对象，此时它们就可以互相交换数据了。

(6)关闭连接。在连接完成以后，可以调用close( )方法关闭蓝牙连接。

实验 1　蓝牙基础操作

一、实验目的

（1）掌握蓝牙的打开和关闭方法。
（2）掌握蓝牙状态检测的方法。
（3）了解蓝牙的操作方法。

二、实验内容

（1）创建项目。
（2）设计布局文件。
（3）设计控制文件。
（4）在虚拟机中运行项目。

三、实验步骤

（1）创建BlueToothApplication项目。
（2）设计布局文件，输入如下代码：

```
<?xml version="1.0" encoding="utf-8"?>
<androidx.constraintlayout.widget.ConstraintLayout
xmlns:android="http://schemas.android.com/apk/res/android"
    xmlns:app="http://schemas.android.com/apk/res-auto"
    xmlns:tools="http://schemas.android.com/tools"
    android:layout_width="match_parent"
    android:layout_height="match_parent"
    tools:context=".MainActivity">
    <Button
        android:id="@+id/button"
        android:layout_width="wrap_content"
        android:layout_height="wrap_content"
        android:layout_marginStart="53dp"
        android:layout_marginTop="26dp"
        android:text="是否支持蓝牙"
        app:layout_constraintStart_toStartOf="parent"
```

```
        app:layout _ constraintTop _ toTopOf="parent" />
    <Button
        android:id="@+id/button2"
        android:layout _ width="wrap _ content"
        android:layout _ height="wrap _ content"
        android:layout _ marginStart="28dp"
        android:layout _ marginTop="28dp"
        android:text="打开蓝牙"
        app:layout _ constraintStart _ toEndOf="@+id/button"
        app:layout _ constraintTop _ toTopOf="parent" />
    <Button
        android:id="@+id/button3"
        android:layout _ width="wrap _ content"
        android:layout _ height="wrap _ content"
        android:layout _ marginStart="54dp"
        android:layout _ marginTop="29dp"
        android:text="蓝牙是否打开"
        app:layout _ constraintStart _ toStartOf="parent"
        app:layout _ constraintTop _ toBottomOf="@+id/button" />
    <Button
        android:id="@+id/button4"
        android:layout _ width="wrap _ content"
        android:layout _ height="wrap _ content"
        android:layout _ marginStart="28dp"
        android:layout _ marginTop="29dp"
        android:text="关闭蓝牙"
        app:layout _ constraintStart _ toEndOf="@+id/button3"
        app:layout _ constraintTop _ toBottomOf="@+id/button2" />
</androidx.constraintlayout.widget.ConstraintLayout>
```

（3）设计控制文件。

①创建BluetoothControl类，输入如下代码：

```
import 省略......
public class BluetoothControl {
    private BluetoothAdapter adapter;
    public BluetoothControl() {
        this.adapter = BluetoothAdapter.getDefaultAdapter();
    }

    public boolean isSupportBluetooth() {
```

```
        if (adapter == null)
            return false;
        return true;
    }

    public boolean getBluetoothStatus() {
        assert (adapter != null);
        return adapter.isEnabled();
}

    public void openBluetooth(Activity activity, int requestCode) {
        if (ActivityCompat.checkSelfPermission(activity,
                android.Manifest.permission.BLUETOOTH_CONNECT)
                != PackageManager.PERMISSION_GRANTED) {
            return;
        }
         Intent intent = new Intent(BluetoothAdapter.ACTION_REQUEST_
ENABLE);
        activity.startActivityForResult(intent, requestCode);
    }

    public void closeBluetooth(Activity activity) {
        if (ActivityCompat.checkSelfPermission(activity,
                android.Manifest.permission.BLUETOOTH_CONNECT)
                != PackageManager.PERMISSION_GRANTED) {
            return;
        }
        adapter.disable();
    }
}
```

②设计控制文件，输入如下代码：

```
import 省略......
public class MainActivity extends AppCompatActivity {
    BluetoothControl control;
    Button but1,but2,but3,but4;
    @Override
    protected void onCreate(Bundle savedInstanceState) {
        super.onCreate(savedInstanceState);
        setContentView(R.layout.activity_main);
```

```
        control = new BluetoothControl();
        but1 = findViewById(R.id.button);
        but2 = findViewById(R.id.button2);
        but3 = findViewById(R.id.button3);
        but4 = findViewById(R.id.button4);
        but1.setOnClickListener(new View.OnClickListener() {
            @Override
            public void onClick(View view) {
                boolean bool = control.isSupportBluetooth();
                if(bool){
                    Toast.makeText(MainActivity.this,
                                "支持蓝牙",Toast.LENGTH _ LONG).show();
                }
                else{
                    Toast.makeText(MainActivity.this,
                                "不支持蓝牙",Toast.LENGTH _ LONG).show();
                }
            }
        });
        but3.setOnClickListener(new View.OnClickListener() {
            @Override
            public void onClick(View view) {
                boolean bool = control.getBluetoothStatus();
                if(bool){
                    Toast.makeText(MainActivity.this,
                                "蓝牙打开",Toast.LENGTH _ LONG).show();
                }
                else{
                    Toast.makeText(MainActivity.this,
                                "蓝牙关闭",Toast.LENGTH _ LONG).show();
                }
            }
        });
        but2.setOnClickListener(new View.OnClickListener() {
            @Override
            public void onClick(View view) {
                control.openBluetooth(MainActivity.this,1);
            }
        });
        but4.setOnClickListener(new View.OnClickListener() {
```

```
                @Override
                public void onClick(View view) {
                    control.closeBluetooth(MainActivity.this);
                }
            });
        }
    }
```

（4）在虚拟机中运行项目程序，运行结果如图 9-1 所示。

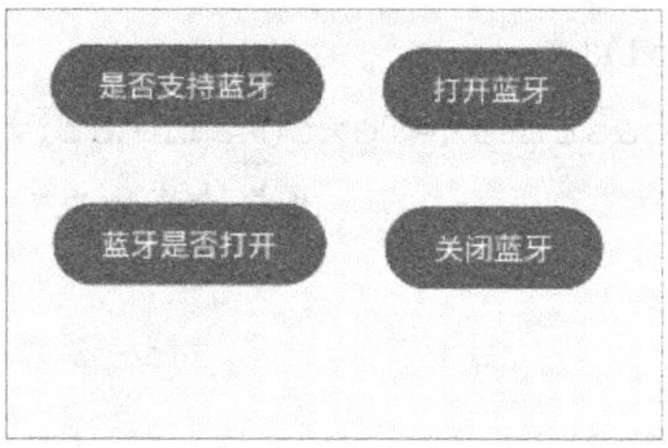

图 9-1　运行结果

实验2 蓝牙数据传输

一、实验目的

（1）掌握蓝牙的打开和关闭方法。
（2）掌握蓝牙状态检测的方法。
（3）了解蓝牙的操作方法。

二、实验内容

（1）创建项目。
（2）设计布局文件。
（3）设计控制文件。
（4）在虚拟机中运行项目。

三、实验步骤

（1）创建BlueTooth2Application项目。
（2）设计布局文件，输入如下代码：

```
<?xml version="1.0" encoding="utf-8"?>
<androidx.constraintlayout.widget.ConstraintLayout
xmlns:android="http://schemas.android.com/apk/res/android"
    xmlns:app="http://schemas.android.com/apk/res-auto"
    xmlns:tools="http://schemas.android.com/tools"
    android:layout_width="match_parent"
    android:layout_height="match_parent"
    tools:context=".MainActivity">
    <Button
        android:id="@+id/button"
        android:layout_width="wrap_content"
        android:layout_height="wrap_content"
        android:layout_marginStart="20dp"
        android:layout_marginTop="20dp"
        android:text="打开蓝牙"
        app:layout_constraintStart_toStartOf="parent"
```

```
        app:layout_constraintTop_toTopOf="parent" />
    <Button
        android:id="@+id/button2"
        android:layout_width="wrap_content"
        android:layout_height="wrap_content"
        android:layout_marginStart="20dp"
        android:layout_marginTop="20dp"
        android:text="查找设备"
        app:layout_constraintStart_toEndOf="@+id/button"
        app:layout_constraintTop_toTopOf="parent" />
    <Button
        android:id="@+id/button3"
        android:layout_width="wrap_content"
        android:layout_height="wrap_content"
        android:layout_marginStart="20dp"
        android:layout_marginTop="20dp"
        android:text="绑定设备"
        app:layout_constraintStart_toEndOf="@+id/button2"
        app:layout_constraintTop_toTopOf="parent" />
   <Button
        android:id="@+id/button4"
        android:layout_width="wrap_content"
        android:layout_height="wrap_content"
        android:layout_marginStart="20dp"
        android:layout_marginTop="20dp"
        android:text="等待连接"
        app:layout_constraintStart_toStartOf="parent"
        app:layout_constraintTop_toBottomOf="@+id/button2" />
    <ListView
        android:id="@+id/listview"
        android:layout_width="409dp"
        android:layout_height="593dp"
        android:layout_marginStart="1dp"
        android:layout_marginTop="1dp"
        app:layout_constraintStart_toStartOf="parent"
        app:layout_constraintTop_toBottomOf="@+id/button4" />
    <Button
        android:id="@+id/button5"
        android:layout_width="wrap_content"
        android:layout_height="wrap_content"
```

```
        android:layout _ marginStart="20dp"
        android:layout _ marginTop="20dp"
        android:text="停止监听"
        app:layout _ constraintStart _ toEndOf="@+id/button4"
        app:layout _ constraintTop _ toBottomOf="@+id/button2" />
    <Button
        android:id="@+id/button6"
        android:layout _ width="wrap _ content"
        android:layout _ height="wrap _ content"
        android:layout _ marginStart="20dp"
        android:layout _ marginTop="20dp"
        android:text="发送消息"
        app:layout _ constraintStart _ toEndOf="@+id/button5"
        app:layout _ constraintTop _ toBottomOf="@+id/button3" />
</androidx.constraintlayout.widget.ConstraintLayout>
```

（3）设计控制文件。

①创建BluetoothControl类，输入如下代码：

```
import 省略......
public class BluetoothControl {
    private BluetoothAdapter adapter;

    public BluetoothControl() {
        this.adapter = BluetoothAdapter.getDefaultAdapter();
    }

    public BluetoothAdapter getAdapter() {
        return adapter;
    }

    public boolean isSupportBluetooth() {
        if (adapter == null)
            return false;
        return true;
    }

    public boolean getBluetoothStatus() {
        assert (adapter != null);
        return adapter.isEnabled();
    }
```

```
    public void openBluetooth(Activity activity, int requestCode) {
        if (ActivityCompat.checkSelfPermission(activity,
                android.Manifest.permission.BLUETOOTH_CONNECT)
                != PackageManager.PERMISSION_GRANTED) {
            return;
        }
         Intent intent = new Intent(BluetoothAdapter.ACTION_REQUEST_
DISCOVERABLE);
        activity.startActivityForResult(intent, requestCode);
    }

    public void setVisibly(Context context) {
         Intent intent = new Intent(BluetoothAdapter.ACTION_REQUEST_
DISCOVERABLE);
         intent.putExtra(BluetoothAdapter.EXTRA_DISCOVERABLE_
DURATION, 300);
        if (ActivityCompat.checkSelfPermission(context,
                android.Manifest.permission.BLUETOOTH_ADVERTISE)
                != PackageManager.PERMISSION_GRANTED) {
            return;
        }
        context.startActivity(intent);
    }

   public void findDevice(Activity activity) {
        assert (adapter != null);
        if (ActivityCompat.checkSelfPermission(activity,
                android.Manifest.permission.BLUETOOTH_SCAN)
                != PackageManager.PERMISSION_GRANTED) {
            return;
        }
        adapter.startDiscovery();
    }

    public ArrayList<BluetoothDevice> getDeviceList(Activity activity)
{
        if (ActivityCompat.checkSelfPermission(activity,
                android.Manifest.permission.BLUETOOTH_CONNECT)
                != PackageManager.PERMISSION_GRANTED) {
```

```
            return null;
        }
        return new ArrayList<BluetoothDevice>(adapter.
getBonded Devices());
    }

    public void closeBluetooth(Activity activity) {
        if (ActivityCompat.checkSelfPermission(activity,
                android.Manifest.permission.BLUETOOTH _ CONNECT)
                != PackageManager.PERMISSION _ GRANTED) {
            return;
        }
        adapter.disable();
    }
}
```

②创建DeviceAdapter类，输入如下代码：

```
import 省略......
public class DeviceAdapter extends BaseAdapter {
    private List<BluetoothDevice> data;
    private Context context;

    public DeviceAdapter(List<BluetoothDevice> data, Context context)
{
        this.data = data;
        this.context = context;
    }

    @Override
    public int getCount() {
        return data.size();
    }

    @Override
    public Object getItem(int i) {
        return data.get(i);
    }

    @Override
```

```
        public long getItemId(int i) {
            return i;
        }

        @Override
        public View getView(int i, View view, ViewGroup viewGroup) {
            View itemView = view;
            if (itemView == null) {
                itemView = LayoutInflater.from(context).inflate(
                                android.R.layout.simple_list_item_2,
viewGroup, false);
            }
            TextView tv1 = itemView.findViewById(android.R.id.text1);
            TextView tv2 = itemView.findViewById(android.R.id.text2);
            BluetoothDevice device = (BluetoothDevice) getItem(i);
            if (ActivityCompat.checkSelfPermission(context,
                    android.Manifest.permission.BLUETOOTH_CONNECT)
                    != PackageManager.PERMISSION_GRANTED) {
                return null;
            }
            tv1.setText(device.getName());
            tv2.setText(device.getAddress());
            return itemView;
        }

        public void refresh(List<BluetoothDevice> data){
            this.data = data;
            notify();
        }
    }
```

③创建ServerThread类，输入如下代码：

```
    import 省略......
    public class ServerThread extends Thread {
        private static final String NAME = "MyBlueTooth";
        private static final UUID MY_UUID =
                        UUID.fromString("00001101-0000-1000-8000-
00805F9B34FB");
        private BluetoothServerSocket serverSocket;
        private final BluetoothAdapter adapter;
```

```
        private Context context;
        private  BluetoothSocket socket;
        public ServerThread(Context context, BluetoothAdapter adapter) {
            this.adapter = adapter;
            this.context = context;
            try {
                if (ActivityCompat.checkSelfPermission(context,
                                        android.Manifest.permission.BLUETOOTH _
CONNECT)
                                        != PackageManager.PERMISSION _ GRANTED)
{
                    return ;
                }
                serverSocket = adapter.listenUsingRfcommWithServiceRecord(
                                                            NAME, MY _ UUID);
            } catch (IOException e) {
                throw new RuntimeException(e);
            }
        }
        public void run(){
            try{
                    socket = serverSocket.accept();
                    byte[] buffer = new byte[1024];
                    int bytes;
                InputStream inputStream = socket.getInputStream();
                while(true){
                    if((bytes=inputStream.read(buffer))>0){
                        byte[] buf _ data = new byte[bytes];
                        for(int i=0;i<bytes;i++){
                            buf _ data[i] = buffer[i];
                        }
                        String s = new String(buf _ data);
                        Log.i("message",s);
                    }}
            } catch (IOException e) {
                throw new RuntimeException(e);
            }
        }
    }
```

④创建ClientThread类，输入如下代码：

```
import 省略......
public class ClientThread extends Thread {
    private static final UUID MY_UUID =
                    UUID.fromString("00001101-0000-1000-8000-
00805F9B34FB");
    private BluetoothSocket socket;
    public BluetoothDevice device;
    public Context context;

    public ClientThread(Context context,BluetoothDevice device) {
        this.device = device;
        this.context = context;
        try {
            if (ActivityCompat.checkSelfPermission(context,
                                    android.Manifest.permission.BLUETOOTH_
CONNECT)
                                    != PackageManager.PERMISSION_GRANTED)
{
                return;
            }
                socket = device.createRfcommSocketToServiceRecord(MY_
UUID);
        } catch (IOException e) {
            throw new RuntimeException(e);
        }
    }
    public void run() {
        try {
            if (ActivityCompat.checkSelfPermission(context,
                    android.Manifest.permission.BLUETOOTH_CONNECT)
                    != PackageManager.PERMISSION_GRANTED) {
                return;
            }
            socket.connect();
            if(socket==null){
                return;
            }
            while(true){
                String msg = "Hello";
```

```
                    OutputStream outputStream = socket.getOutputStream();
                    outputStream.write(msg.getBytes());
                }
            } catch (IOException e) {
                throw new RuntimeException(e);
            }
        }
    }
```

⑤设计控制文件，代码如下：

```
    import 省略......
    public class MainActivity extends AppCompatActivity {
        public static final int REQUEST_CODE = 1;
        Button but1, but2, but3, but4,but5,but6;
        private List<BluetoothDevice> deviceList = new ArrayList<>();
        private List<BluetoothDevice> bondedDeviceList = new
ArrayList<>();
        private BluetoothControl control = new BluetoothControl();
        private ListView listView;
        private DeviceAdapter adapter;
        private ServerThread serverThread;
        private ClientThread clientThread;
        private BluetoothDevice device;

        @Override
        protected void onCreate(Bundle savedInstanceState) {
            super.onCreate(savedInstanceState);
            setContentView(R.layout.activity_main);
            but1 = findViewById(R.id.button);
            but2 = findViewById(R.id.button2);
            but3 = findViewById(R.id.button3);
            but4 = findViewById(R.id.button4);
            but5 = findViewById(R.id.button5);
            but6 = findViewById(R.id.button6);
            listView = findViewById(R.id.listview);
            adapter = new DeviceAdapter(deviceList,this);
            listView.setAdapter(adapter);
            IntentFilter filter = new IntentFilter();
            filter.addAction(BluetoothAdapter.ACTION_DISCOVERY_STARTED);
            filter.addAction(BluetoothDevice.ACTION_FOUND);
```

```
            registerReceiver(receiver, filter);
            control.openBluetooth(this, REQUEST _ CODE);

            but1.setOnClickListener(new View.OnClickListener() {
                @Override
                public void onClick(View view) {
                    control.setVisibly(MainActivity.this);
                }
            });
          but2.setOnClickListener(new View.OnClickListener() {
                @Override
                public void onClick(View view) {
                    adapter.refresh(deviceList);
                    control.findDevice(MainActivity.this);
                        listView.setOnItemClickListener(new AdapterView.
OnItemClickListener() {
                        @Override
                        public void onItemClick(AdapterView<?> adapterView,
                                                            View view, int i,
long l) {
                            device = deviceList.get(i);
                                   if (ActivityCompat.checkSelfPermission
(MainActivity.this,
                                   android.Manifest.permission.BLUETOOTH _
CONNECT)
                                    != PackageManager.PERMISSION _ GRANTED)
{
                                return;
                            }
                            device.createBond();
                        }
                    });
                }
            });

            but3.setOnClickListener(new View.OnClickListener() {
                @Override
                public void onClick(View view) {
                    bondedDeviceList = control.getDeviceList(MainActivity.
this);
```

```
                    adapter.refresh(bondedDeviceList);
                    listView.setOnItemClickListener(null);
                }
            });

            but4.setOnClickListener(new View.OnClickListener() {
                @Override
                public void onClick(View view) {
                    serverThread = new ServerThread(MainActivity.this,
control.getAdapter());
                    serverThread.start();
                }
            });

            but5.setOnClickListener(new View.OnClickListener() {
                @Override
                public void onClick(View view) {
                    serverThread.interrupt();
                }
            });

            but6.setOnClickListener(new View.OnClickListener() {
                @Override
                public void onClick(View view) {
                     clientThread = new ClientThread(MainActivity.
this,device);
                     clientThread.start();
                }
            });
        }

        private BroadcastReceiver receiver = new BroadcastReceiver() {
            @Override
            public void onReceive(Context context, Intent intent) {
                String action = intent.getAction();
                if (BluetoothAdapter.ACTION_DISCOVERY_STARTED.equals(action)) {
                    deviceList.clear();
                    adapter.notify();
                } else if (BluetoothDevice.ACTION_FOUND.equals(action)) {
                    BluetoothDevice device =
```

```
                                intent.getParcelableExtra(BluetoothDevice.
EXTRA _ DEVICE);
                        deviceList.add(device);
                        adapter.notify();
                    }
                }
            };
        }
```

（4）在虚拟机中运行项目，运行结果如图 9-2 所示。

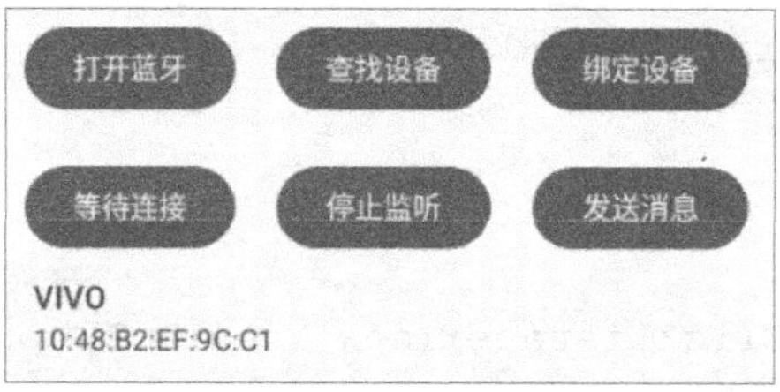

图 9-2　运行结果

第10章　第三方开发包

实验1　二维码操作

一、实验目的

（1）掌握zxing框架的使用方法。
（2）掌握使用zxing操作二维码的方法。
（3）了解二维码的基本操作步骤。

二、相关知识

二维码（Two-dimentional Code）指按一定规律以平面（二维方向）分布的黑白相间的图形记录数据符号信息的代码标记。二维码普遍存在于我们的生活和工作中，如产品防伪、商品交易、电子凭证、Wi-Fi共享等。二维码使用若干个与二进制相对应的几何形体来表示文字数值信息，通过图像输入设备或光电扫描设备自动识读以实现信息自动处理。根据二维码的编码方法，常用的码制有Data Matrix、QR Code、Vericode、Code One等。本章以QR Code码为例介绍二维码的读取和生成方法。

在对二维码进行操作时需要使用第三方框架，目前常用的有zxing框架和ScanKit框架。

zxing（示例及开源下载地址为https://github.com/zxing/zxing）是Google开源的扫码框架，基于多种1D/2D条码处理的开源库，是一个完整的项目。它可以通过手机摄像头实现条码的扫描及解码，功能极其强大。

ScanKit是华为开发的第三方统一扫描SDK，是目前体验感最好的统一扫码工具，基本可以做到秒扫和快速识别，支持多码识别和二维码生成。但该服务必须在华为开发者联盟平台注册应用，配置包名和服务JSON。

三、实验内容

（1）创建项目。
（2）添加依赖。
（3）设置权限。
（4）设计第一组布局和控制文件。
（5）设计第二组布局和控制文件。
（6）在虚拟机中运行项目。

四、实验步骤

（1）创建QRCodingApplication项目。
（2）添加依赖，在build.gradle.kts文件中添加如下代码：

```
implementation("com.journeyapps:zxing-android-embedded:4.3.0")
```

（3）设置权限，添加文件读写权限，输入如下代码：

```
<uses-permission android:name="android.permission.VIBRATE" />
<uses-permission android:name="android.permission.CAMERA" />
<uses-feature android:name="android.hardware.camera" />
<uses-feature android:name="android.hardware.camera.autofocus" />
```

（4）设计第一组布局和控制文件。
①设计布局文件，输入如下代码：

```
<?xml version="1.0" encoding="utf-8"?>
<androidx.constraintlayout.widget.ConstraintLayout
xmlns:android="http://schemas.android.com/apk/res/android"
    xmlns:app="http://schemas.android.com/apk/res-auto"
    xmlns:tools="http://schemas.android.com/tools"
    android:layout _ width="match _ parent"
    android:layout _ height="match _ parent"
    tools:context=".MainActivity">

    <Button
        android:id="@+id/button"
        android:layout _ width="wrap _ content"
        android:layout _ height="wrap _ content"
        android:layout _ marginStart="4dp"
        android:layout _ marginTop="14dp"
```

```
        android:text="扫码"
        app:layout_constraintStart_toStartOf="parent"
        app:layout_constraintTop_toTopOf="parent" />

    <TextView
        android:id="@+id/textView"
        android:layout_width="match_parent"
        android:layout_height="135dp"
        android:layout_marginStart="4dp"
        android:layout_marginTop="15dp"
        android:text="扫码结果："
        app:layout_constraintStart_toStartOf="parent"
        app:layout_constraintTop_toBottomOf="@+id/button" />
    <EditText
        android:id="@+id/editTextText"
        android:layout_width="wrap_content"
        android:layout_height="wrap_content"
        android:layout_marginStart="4dp"
        android:layout_marginTop="10dp"
        android:ems="10"
        android:hint="输入二维码内容"
        android:inputType="text"
        app:layout_constraintStart_toStartOf="parent"
        app:layout_constraintTop_toBottomOf="@+id/textView" />

    <ImageView
        android:id="@+id/imageView"
        android:layout_width="wrap_content"
        android:layout_height="wrap_content"
        android:layout_marginStart="4dp"
        android:layout_marginTop="10dp"
        app:layout_constraintStart_toStartOf="parent"
        app:layout_constraintTop_toBottomOf="@+id/editTextText"
        app:srcCompat="@drawable/ic_launcher_background" />

    <Button
        android:id="@+id/button2"
        android:layout_width="wrap_content"
        android:layout_height="wrap_content"
        android:layout_marginStart="16dp"
```

```
        android:layout_marginTop="10dp"
        android:text="生成二维码"
        app:layout_constraintStart_toEndOf="@+id/editTextText"
        app:layout_constraintTop_toBottomOf="@+id/textView" />

</androidx.constraintlayout.widget.ConstraintLayout>
```

②设计控制文件，输入如下代码：

```
import 省略......
public class MainActivity extends AppCompatActivity {
    Button but,but1;
    TextView tv;
    EditText et;
    ImageView iv;
    @Override
    protected void onCreate(Bundle savedInstanceState) {
        super.onCreate(savedInstanceState);
        setContentView(R.layout.activity_main);
        but = findViewById(R.id.button);
        but1 = findViewById(R.id.button2);
        tv = findViewById(R.id.textView);
        et = findViewById(R.id.editTextText);
        iv = findViewById(R.id.imageView);
        but.setOnClickListener(new View.OnClickListener() {
            @Override
            public void onClick(View view) {
                Intent intent = new Intent(MainActivity.this,
                ScanActivity.class);
                startActivity(intent);
            }
        });
        but1.setOnClickListener(new View.OnClickListener() {
            @Override
            public void onClick(View view) {
                String str = et.getText().toString();
                if(!str.equals("")){
                    try {
                        Bitmap qrBitmap = QRCodingHandler.createQR
                        Coding(str,350);
                        iv.setImageBitmap(qrBitmap);
```

```
                    } catch (WriterException e) {
                        throw new RuntimeException(e);
                    }
                }
            }
        });
    }
}
```

③创建QRCodingHandler类，输入如下代码：

```
import 省略......
public class QRCodingHandler {
    private static final int BLACK = 0xff000000;

    public static Bitmap createQRCoding(String str, int WH) throws
WriterException {
            Hashtable<EncodeHintType,String> hInts = new Hashtable<
EncodeHintType,String>();
            hInts.put(EncodeHintType.CHARACTER_SET,"utf-8");
            BitMatrix matrix = new MultiFormatWriter().encode(str,
BarcodeFormat.QR_CODE,WH,WH);
            int width = matrix.getWidth();
            int height = matrix.getHeight();
            int [] pixels = new int[width*height];
            for(int y=0;y<height;y++){
                for(int x=0;x<width;x++){
                    if(matrix.get(x,y)){
                        pixels[y*width+x] = BLACK;
                    }
                }
            }
            Bitmap bitmap = Bitmap.createBitmap(width,height,Bitmap.Config.
ARGB_8888);
            bitmap.setPixels(pixels,0,width,0,0,width,height);
            return bitmap;
    }
}
```

（5）设计第二组布局和控制文件。

①创建布局文件activity_scan.xml，输入如下代码：

```
<?xml version="1.0" encoding="utf-8"?>
<androidx.constraintlayout.widget.ConstraintLayout
mlns:android="http://schemas.android.com/apk/res/android"
    xmlns:app="http://schemas.android.com/apk/res-auto"
    xmlns:tools="http://schemas.android.com/tools"
    android:layout _ width="match _ parent"
    android:layout _ height="match _ parent"
    tools:context=".ScanActivity">

    <com.journeyapps.barcodescanner.DecoratedBarcodeView
        android:id="@+id/decoratedBarcodeView"
        android:layout _ width="match _ parent"
        android:layout _ height="match _ parent"
        app:zxing _ framing _ rect _ height="250dp"
        app:zxing _ framing _ rect _ width="250dp"
        app:zxing _ preview _ scaling _ strategy="fitXY"
        app:zxing _ scanner _ layout="@layout/zxing _ barcode _ scanner"
        app:zxing _ use _ texture _ view="true" />
/>
</androidx.constraintlayout.widget.ConstraintLayout>
```

②创建控制文件ScanActivity.java，输入如下代码：

```
import 省略......
public class ScanActivity extends AppCompatActivity
implements DecoratedBarcodeView.TorchListener
{
    private DecoratedBarcodeView decoratedBarcodeView;
    private CaptureManager captureManager;
    @Override
    protected void onCreate(Bundle savedInstanceState) {
        super.onCreate(savedInstanceState);
        setContentView(R.layout.activity _ scan);
        decoratedBarcodeView=this.findViewById(R.id.decorated BarcodeView);
        captureManager = new CaptureManager(this, decoratedBarcode View);
        captureManager.initializeFromIntent(getIntent(),savedInstance State);
        captureManager.decode();
        decoratedBarcodeView.setTorchListener(this);
```

```
    }
    @Override
    public void onTorchOn() {

    }
    @Override
    public void onTorchOff() {
    }
    @Override
    protected void onPause() {
        super.onPause();
        captureManager.onPause();
    }
    @Override
    protected void onResume() {
        super.onResume();
        captureManager.onResume();
    }
    @Override
    protected void onDestroy() {
        super.onDestroy();
        captureManager.onDestroy();
    }

    @Override
     public void onSaveInstanceState(Bundle outState, PersistableBundle
outPersistentState) {
        super.onSaveInstanceState(outState, outPersistentState);
        captureManager.onSaveInstanceState(outState);
    }

    @Override
    public boolean onKeyDown(int keyCode, KeyEvent event) {
        return decoratedBarcodeView.onKeyDown(keyCode, event) ||
  super.onKeyDown(keyCode, event);
    }
}
```

（6）在虚拟机中运行项目，运行结果如图 10–1 所示。

图 10–1　运行结果

实验 2　百度地图SDK应用

一、实验目的

（1）掌握百度地图SDK的下载和申请方法。
（2）掌握百度地图SDK的密钥及控制台应用方法。
（3）了解百度地图嵌入App的方法。

二、实验内容

（1）创建项目。
（2）申请开发者账号和测试应用账号。
（3）配置应用程序。
（4）设计布局和控制文件。
（5）在虚拟机中运行项目。

三、实验步骤

（1）创建BAIDUApplication项目。
（2）申请开发者账号和测试应用账号。

①进入百度地图开放平台（网址为http://lbsyun.baidu.com/），单击右上角“登录”按钮，进入“扫码登录”页面，如有百度App账号可以扫码登录，如果没有账号则可以单击“立即注册”按钮进入注册页面，进行账号注册。

②单击“控制台”进入应用管理页面，再单击左侧的“应用管理”，在打开的列表中选择“我的应用”，打开我的应用面板。然后单击“创建应用”按钮，打开创建应用页面，如图 10-2 所示。

③填入相关信息。

PackageName：在第一步创建的项目中选择“build.gradle.kts(Module:app)”，在打开的文档中找到图 10-3 所示的“applicationId”标签项，将“=”后面的内容复制到PackageName后的文本框中。

发布版SHA1：首先找到.android文件夹，该文件夹通常在C盘的用户目录中，有一个debug.keystore文件，SHA1 值就在该文件中。接下来按WIN+R键，输入cmd打开命令行窗口，输入命令“cd debug.keystore所属文件路径”，例如输入“cd C:\Users\Administrator \.android”进入.android文件夹，再输入命令“keytool –list –v –keystore debug.keystore –storepass android”，此时可以在控制台显示的信息中获取SHA1 的值，如图 10-4 所示。

图 10-2　创建应用页面

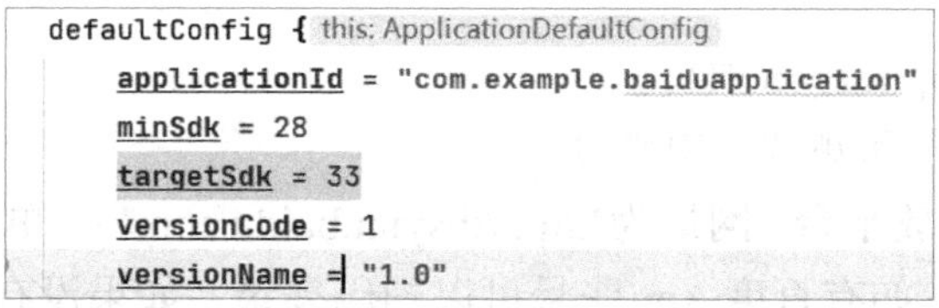
```
defaultConfig { this: ApplicationDefaultConfig
    applicationId = "com.example.baiduapplication"
    minSdk = 28
    targetSdk = 33
    versionCode = 1
    versionName = "1.0"
```

图 10-3　包名

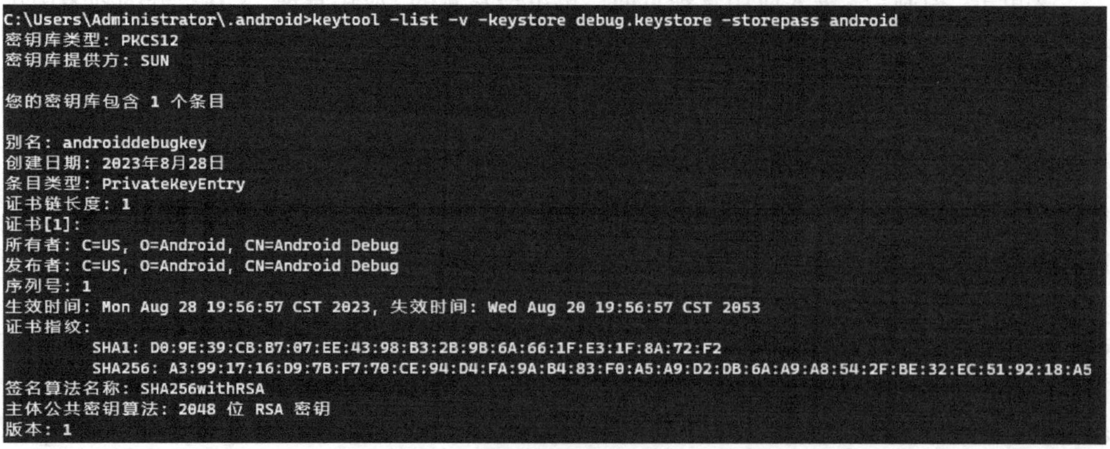
```
C:\Users\Administrator\.android>keytool -list -v -keystore debug.keystore -storepass android
密钥库类型: PKCS12
密钥库提供方: SUN

您的密钥库包含 1 个条目

别名: androiddebugkey
创建日期: 2023年8月28日
条目类型: PrivateKeyEntry
证书链长度: 1
证书[1]:
所有者: C=US, O=Android, CN=Android Debug
发布者: C=US, O=Android, CN=Android Debug
序列号: 1
生效时间: Mon Aug 28 19:56:57 CST 2023, 失效时间: Wed Aug 20 19:56:57 CST 2053
证书指纹:
         SHA1: D0:9E:39:CB:B7:07:EE:43:98:B3:2B:9B:6A:66:1F:E3:1F:8A:72:F2
         SHA256: A3:99:17:16:D9:7B:F7:70:CE:94:D4:FA:9A:B4:83:F0:A5:A9:D2:DB:6A:A9:A8:54:2F:BE:32:EC:51:92:18:A5
签名算法名称: SHA256withRSA
主体公共密钥算法: 2048 位 RSA 密钥
版本: 1
```

图 10-4　获取 SHA1 的值

将获取的SHA1值复制到发布版SHA1后的文本框中，最终结果如图10-5所示。

图 10-5 创建应用最终提交内容

单击“提交”按钮，可以看到图10-6所示结果。

图 10-6 创建应用结果

（3）配置应用程序。

①打开AndroidManifest.xml，在application节点下补充百度地图的密钥配置。添加如下代码：

```
<meta-data  android:name="com.baidu.lbsapi.API_KEY"
            android:value="开发者key" />
```

这里的“开发者key”就是图 10-6 中“访问应用（AK）”下面的一串字符串。

②下载百度地图SDK。进入百度地图开放平台，在右上角选择“开发文档”，然后选择“Android地图SDK”选项打开开发文档页面，在新打开页面左侧列表最下方选择“相关下载”，找到“功能定制化开发包”文字下方的“去下载”按钮，单击按钮进入功能定制页面，如图 10-7 所示。在本实验中仅进行基本功能测试，故而进行基础选择，然后单击“开发包”按钮，下载SDK。

图 10-7　功能定制页面

③解压缩下载的SDK包，将“BaiduLBS_Android.jar”包放入“libs”目录当中，如果找不到该目录，请在右上角选择“project”模式，如图 10-8 所示。

④在“src”的“main”目录下新建一个文件夹并命名为jniLibs，将上一步解压缩后的文件夹都复制到该文件夹下，如图 10-9 所示。

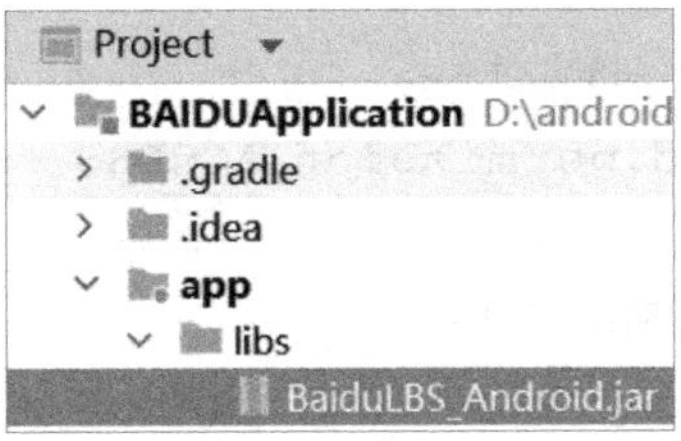

图 10-8　添加jar包

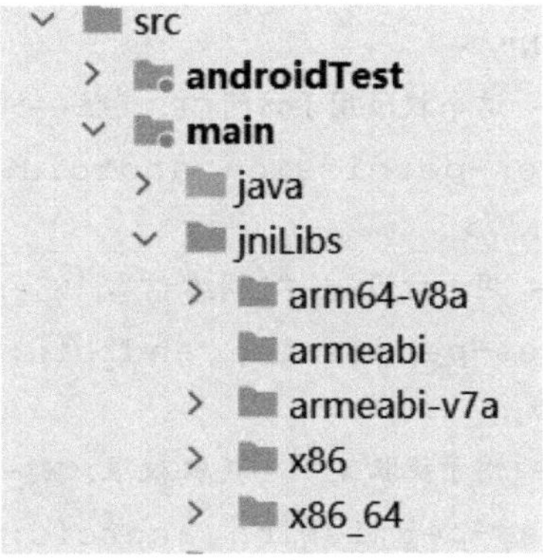

图 10-9　添加文件

⑤将步骤③添加的jar文件添加为依赖，可以在“BaiduLBS_Android.jar”上单击鼠标右键，选择“Add As Library”选项，如图 10-10 所示。然后可以在build.gradle下看见，Android已经自动添加依赖。

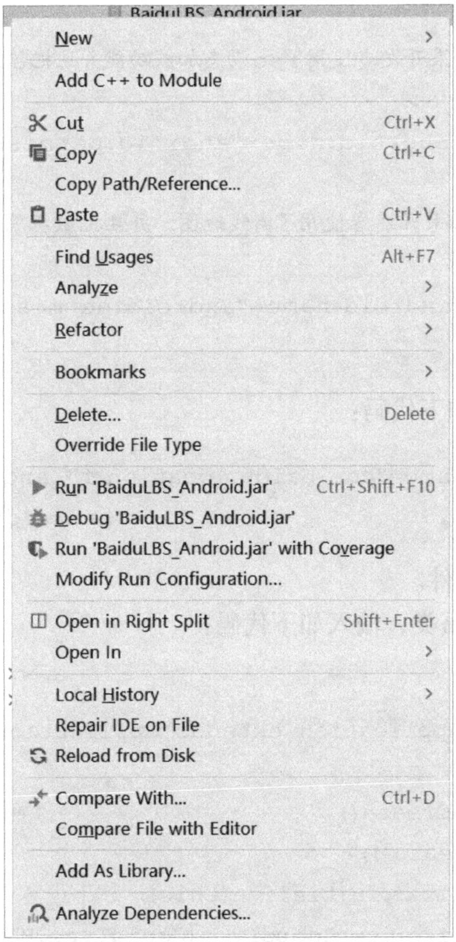

图 10-10　添加依赖

⑥设置权限，输入如下代码：

```
<uses-permission android:name="android.permission.ACCESS_COARSE_LOCATION"/>
<!-- 这个权限用于访问GPS定位-->
<uses-permission android:name="android.permission.ACCESS_FINE_LOCATION"/>
<!-- 用于访问Wi-Fi网络信息，Wi-Fi信息会用来进行网络定位-->
<uses-permission android:name="android.permission.ACCESS_Wi-Fi_STATE"/>
<!-- 用于获取Wi-Fi获取权限，Wi-Fi信息会用来进行网络定位-->
<uses-permission android:name="android.permission.CHANGE_Wi-Fi_STATE"/>
<!-- 访问网络，网络定位需要上网-->
<uses-permission android:name="android.permission.INTERNET"/>
<!-- 访问网络，进行地图相关业务数据请求，包括地图数据、路线规划、POI检索等 -->
<uses-permission android:name="android.permission.ACCESS_NETWORK_STATE"/>
<!-- 读取外置存储。如果开发者使用了so动态加载功能并且把so文件放在了外置存储区域，则需要申请该权限，否则不需要 -->
<uses-permission android:name="android.permission.READ_EXTERNAL_STORAGE"/>
<!-- 写入外置存储。如果开发者使用了离线地图，并且把数据写在外置存储区域，则需要申请该权限 -->
<uses-permission android:name="android.permission.WRITE_EXTERNAL_STORAGE" />
```

⑦添加Service，输入如下代码：

```
<service android:name="com.baidu.location.f" android:enabled="true"
                                             android:process=":remote"/>
```

（4）设计布局和控制文件。

①新建DemoApplication类，输入如下代码：

```
import 省略......
public class DemoApplication extends Application {
    @Override
    public void onCreate()  {
        super.onCreate();
        SDKInitializer.initialize(this);
        SDKInitializer.setCoordType(CoordType.BD09LL);
    }
```

```
}
```

然后在AndroidManifest.xml文件中声明该类，在“application”标签中添加如下代码：

```
android:name=".DemoApplication";
```

最终AndroidManifest.xml文件中的代码如下：

```
<?xml version="1.0" encoding="utf-8"?>
<manifest xmlns:android="http://schemas.android.com/apk/res/android"
    xmlns:tools="http://schemas.android.com/tools">
    <!-- 这个权限用于网络定位-->
     <uses-permission android:name="android.permission.ACCESS_
COARSE_LOCATION" />
    <!-- 这个权限用于访问GPS定位-->
     <uses-permission android:name="android.permission.ACCESS_FINE_
LOCATION" />
    <!-- 用于访问Wi-Fi网络信息，Wi-Fi信息会用来进行网络定位-->
     <uses-permission android:name="android.permission.ACCESS_WIFI_
STATE" />
    <!-- 获取运营商信息，用于支持提供运营商信息相关的接口-->
     <uses-permission android:name="android.permission.ACCESS_
NETWORK_STATE" />
    <!-- 用于获取Wi-Fi获取权限，Wi-Fi信息会用来进行网络定位-->
     <uses-permission android:name="android.permission.CHANGE_WIFI_
STATE" />
    <!-- 写入扩展存储，向扩展卡写入数据，用于写入离线定位数据-->
     <uses-permission android:name="android.permission.WRITE_
EXTERNAL_STORAGE" />
    <!-- 访问网络，网络定位需要上网-->
    <uses-permission android:name="android.permission.INTERNET" />

    <application
        android:name=".DemoApplication"
        android:allowBackup="true"
        android:dataExtractionRules="@xml/data_extraction_rules"
        android:fullBackupContent="@xml/backup_rules"
        android:icon="@mipmap/ic_launcher"
        android:label="@string/app_name"
        android:roundIcon="@mipmap/ic_launcher_round"
```

```
        android:supportsRtl="true"
        android:theme="@style/Theme.MyDBApplication"
        tools:targetApi="31">

        <activity
            android:name=".MainActivity"
            android:exported="true">
            <intent-filter>
                <action android:name="android.intent.action.MAIN" />
                 <category android:name="android.intent.category.
LAUNCHER" />
            </intent-filter>
        </activity>
        <meta-data
            android:name="com.baidu.lbsapi.API_KEY"
            android:value="TAWSSYLONhHonPeZeOnSLcthOAm8y7vc" />
        <service android:name="com.baidu.location.f" android:enabled=
"true"
            android:process=":remote"/>
    </application>
    </manifest>
```

②设计布局文件，输入如下代码：

```
    <?xml version="1.0" encoding="utf-8"?>
    <LinearLayout xmlns:android="http://schemas.android.com/apk/res/
android"
        android:layout_width="match_parent"
        android:layout_height="match_parent"
        android:orientation="horizontal" >
        <com.baidu.mapapi.map.MapView
            android:id="@+id/bmapView"
            android:layout_width="match_parent"
            android:layout_height="match_parent"
            android:clickable="true" />
    </LinearLayout>
```

③设计控制文件，输入如下代码：

```
    import 省略......
```

```
public class MainActivity extends AppCompatActivity {
    private MapView mMapView;
    @Override
    protected void onCreate(Bundle savedInstanceState) {
        super.onCreate(savedInstanceState);
        setContentView(R.layout.activity _ main);
        mMapView = findViewById(R.id.bmapView);
    }

    @Override
     public void addContentView(View view, ViewGroup.LayoutParams
params) {
        super.addContentView(view, params);
    }

    @Override
    protected void onStart() {
        super.onStart();
        mMapView.onResume();
    }

    @Override
    protected void onDestroy() {
        super.onDestroy();
        mMapView.onDestroy();
    }

    @Override
    protected void onPause() {
        super.onPause();
        mMapView.onPause();
    }
    @Override
    protected void onResume() {
        super.onResume();
        mMapView.onResume();
    }
}
```

（5）在虚拟机中运行项目，运行结果如图 10-11 所示。

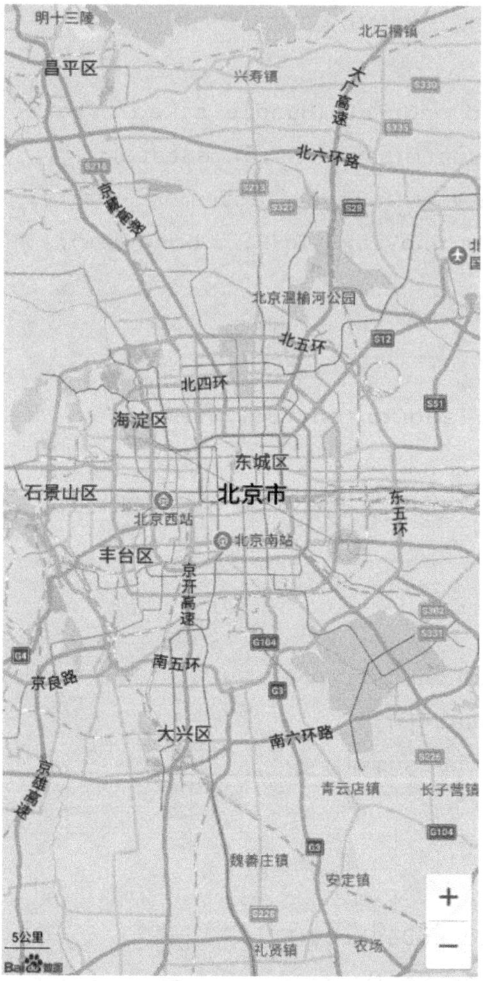

图 10-11　运行结果